リスティング広告の
やさしい教科書。

ユーザーニーズと自社の強みを捉えて
成果を最大化する運用メソッド

桜井茶人 著

エムディエヌコーポレーション

はじめに

　リスティング広告を取り巻く環境の変化は非常に早く、仕様の変更や新機能のアップデートに関するニュースが頻繁に流れてきます。

　筆者が、リスティング広告の運用者に向けてセミナーやコンサルティングをはじめたのは今から約5年前です。テクニックなどの面は、その時々でお伝えする内容が変わってきましたが、根本的な考え方・思考の面は5年前からほぼ変わっていません。基礎となる考え方・思考を身につければ、今後リスティング広告が変化していっても、対応できる運用者になれると考えています。

　本書は、大きく分けて2部構成になっています。前半では、まったくリスティング広告のことを知らない方のために、広告を出稿するまでの設定の流れを実際の事例をもとに解説しました。さらに後半では、最適化やよりパフォーマンスを高めるためのプロセス、成功事例や失敗事例、広告運用に求められる姿勢など、今後もリスティング広告を運用していくには欠かせない "思考" について詳しく解説しています。

　本書を通じて、リスティング広告運用の核心を身につけていただければ嬉しく思います。

2018年5月　株式会社バルワード　代表取締役　桜井茶人

CONTENTS

CHAPTER 1
リスティング広告の
基礎知識

01 リスティング広告とは ⋯⋯⋯⋯ 010
02 検索連動型広告とは ⋯⋯⋯⋯ 014
03 コンテンツ向け広告 ⋯⋯⋯⋯ 020
04 リスティング広告の構造を理解しよう ⋯ 024
05 広告予算の考え方 ⋯⋯⋯⋯ 028
06 リスティング広告のタグについて ⋯⋯ 030

CHAPTER 2
広告出稿前の
準備をしよう

01 リスティング広告の出稿前に
キーワードを考えよう ⋯⋯⋯⋯ 034
02 キーワードのマッチタイプを
理解しよう ⋯⋯⋯⋯ 038
03 広告文と広告グループの分け方を
考えてみよう ⋯⋯⋯⋯ 042

CHAPTER 3
Google AdWordsの
設定をしよう

01 Google AdWordsの
アカウントを取得しよう ⋯⋯⋯⋯ 048
02 タグを発行しよう ⋯⋯⋯⋯ 052
03 広告の設定をしよう ⋯⋯⋯⋯ 054
04 広告表示オプションを設定しよう ⋯⋯ 060

CHAPTER 4
Yahoo!プロモーション広告の設定をしよう

01 Yahoo!プロモーション広告の
アカウントを取得しよう ⋯⋯⋯⋯064

02 タグを発行しよう ⋯⋯⋯⋯⋯⋯068

03 広告の設定をしよう ⋯⋯⋯⋯⋯070

04 広告表示オプションを設定しよう ⋯⋯076

05 支払い設定をしよう ⋯⋯⋯⋯⋯078

CHAPTER 5
コンテンツ向け広告の設定をしよう

01 コンテンツ向けの広告の
ターゲティング ⋯⋯⋯⋯⋯⋯⋯080

02 リマーケティングを活用しよう ⋯⋯084

03 YDNサーチターゲティングとは ⋯⋯090

04 YDNインフィード広告 ⋯⋯⋯⋯092

05 そのほかのターゲティング ⋯⋯⋯094

06 GDNスマートディスプレイ
キャンペーンとは ⋯⋯⋯⋯⋯096

07 そのほかの広告配信方法について ⋯⋯098

CONTENTS

CHAPTER 6
広告を最適化しよう

01 広告の最適化のための準備をしよう …102

02 パフォーマンスを確認するために
表示項目を変更しよう …104

03 リスティング広告の成功パターン …106

04 最適化をしていくための基礎知識 …110

05 アカウント分析をしてみよう …116

06 広告のＡＢテストをしよう …120

07 入札単価を調整しよう …124

08 目的から考える最適化 …128

CHAPTER 7
より高いパフォーマンスを出すために

01 3C分析をしよう …132

02 3C分析①
Customer：市場・顧客の分析 …134

03 3C分析②
Competitor：競合の分析 …138

04 3C分析③
Company：自社の分析 …140

05 キーワードの考え方 …142

06 広告文の考え方 …146

07 検索語句レポートを使った
検索クエリ分析 …148

08 PDCAサイクルの回し方 …154

09 LTVを理解しよう …156

10 広告パフォーマンスは掛け算 …158

11 広告カスタマイザについて …160

12 エディターを使ってみよう …162

13 AdWordsの自動化と動き方 …164

CHAPTER 8
事例から学ぼう

01 成功事例
競合を見て広告文を修正 ·················· 174

02 失敗事例
ショッピング広告での顧客単価 ·········· 176

03 成功事例
ユーザーに合わせて広告を分ける ········ 178

04 成功事例
細かいキーワード・広告設定 ·············· 180

05 成功事例
広告グループをまとめて自動化へ ········ 182

06 失敗事例
流入ユーザーの変化 ························ 184

07 よくある失敗 ······························ 186

08 CV数が減ってCPAが悪化した場合に
原因を追究し続ける ······················ 188

CHAPTER 9
広告運用者が知っておきたいこと

01 リスティング広告運用者に
必要な心がまえ ···························· 192

[巻末対談]
**自動化が進むリスティング広告
運用のこれから** ···························· 198

おわりに ······································ 204

INDEX ·· 208

本書の使い方

本書はリスティング広告の初心者の方を対象に、広告の出稿までの流れ、広告で成果を出すためのポイント、パフォーマンスを向上させる考え方、事例、今後のリスティング広告運用の潮流などを解説した書籍です。本書は9章に分かれており、各ページは次のような構成になっています。

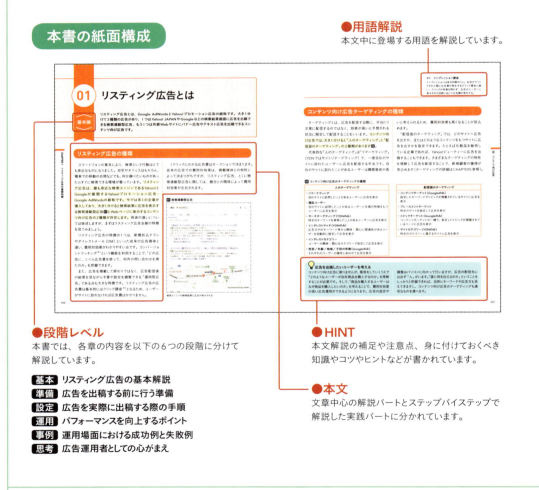

本書の紙面構成

●用語解説
本文中に登場する用語を解説しています。

●段階レベル
本書では、各章の内容を以下の6つの段階に分けて解説しています。

- 基本 リスティング広告の基本解説
- 準備 広告を出稿する前に行う準備
- 設定 広告を実際に出稿する際の手順
- 運用 パフォーマンスを向上するポイント
- 事例 運用場面における成功例と失敗例
- 思考 広告運用者としての心がまえ

●HINT
本文解説の補足や注意点、身に付けておくべき知識やコツやヒントなどが書かれています。

●本文
文章中心の解説パートとステップバイステップで解説した実践パートに分かれています。

ご注意
本書に掲載されている情報は2018年5月現在のものです。以降の技術仕様の変更等により、記載されている内容が実際と異なる場合があります。
また、本書に記載されている固有名詞・サイト名やURLについても、予告なく変更される場合があります。あらかじめご了承ください。

CHAPTER 1

リスティング広告の基礎知識

リスティング広告を有効に活用するには、まず、リスティング広告がどのようなものかを知っておかなければなりません。本章では必ず押さえておくべき基礎知識をひととおり解説していきます。

01 リスティング広告とは

基本編

リスティング広告とは、Google AdWordsとYahoo!プロモーション広告の総称です。大きく分けて2種類の広告があり、1つはYahoo! JAPANやGoogleなどの検索結果画面に広告を出稿できる検索連動型広告、もう1つは外部Webサイトにバナー広告やテキスト広告を出稿できるコンテンツ向け広告です。

リスティング広告の種類

　スマートフォンの普及により、検索という行動はとても身近なものになりました。自宅やオフィスはもちろん、電車での移動の合間などでも、何か調べたいものがあったらすぐに検索できる環境が整っています。リスティング広告は、最も身近な検索エンジンであるYahoo!とGoogleが展開するYahoo!プロモーション広告・Google AdWordsの総称です。今では多くの企業が導入しており、大きく分けると検索結果に広告を表示する検索連動型広告 01 とWebページに表示するコンテンツ向け広告の2種類が存在します。両者の違いについては後述しますが、まずはリスティング広告全般の特徴を見てみましょう。

　リスティング広告の特徴の1つは、新聞折込チラシやダイレクトメール（DM）といった従来の広告媒体と違い、費用対効果がわかりやすい点です。コンバージョントラッキング[※1]という機能を利用することで、「どの広告に、いくら広告費を使って、何件の問い合わせを得たのか」を把握できます。

　また、広告を掲載して終わりではなく、広告配信後の結果を見ながら予算や設定を調整できる「運用型広告」である点も大きな特徴です。リスティング広告の広告費は基本的にはクリック課金[※2]となるため、ユーザーがサイトに訪れなければ広告費はかかりません。

　1クリックにかかる広告費はオークションで決まります。従来の広告での費用対効果は、掲載媒体との相性によって決まりがちですが、リスティング広告、とくに検索連動型広告に関しては、競合との関係によって費用対効果が左右されます。

01 検索連動型広告

検索エンジンの検索結果に広告が表示される

※1　コンバージョントラッキング
「問い合わせ」や「予約申し込み」、「購入」など、広告から遷移したページ（ランディングページ）でユーザーにとって欲しい行動をコンバージョンという。コンバージョントラッキングは、その広告をクリックしたユーザーがコンバージョンに設定された行動をとったかどうかを追跡する機能のこと。

※2　クリック課金
広告がクリックされたときに広告費が発生するしくみ。ほかに、広告が表示された回数で広告費が発生するインプレッション課金もあり、リスティング広告の一部にはこの形式の課金も存在する。

消費者行動モデルAISASで考えるリスティング広告

リスティング広告は、AISASという消費者行動モデルを理解するとその強みと位置付けが見えてきます。

消費者行動モデルとは、ユーザーが消費活動を行う際のプロセスを図式化したものです。AISASはAttention（注意・認知）、Interest（興味）、Search（検索）、Action（購入）、Share（共有）の頭文字を取っており、まず消費者はなんらかのタイミングで商品を知り（Attention）、興味をもち（Interest）、検索します（Search）。その後商品を購入し（Action）、気に入ったらSNSなどで紹介する（Share）というプロセスを表しています。多くの人はこの順番で消費活動をした経験があるでしょう。

リスティング広告のうち、検索連動型広告では、Action（購買）の直前となるSearch（検索）のプロセスで広告を出稿することができるので、効率よく新規顧客を獲得できます。

ただし、検索連動型広告はユーザーが検索した際に広告が出稿されるため、検索がなければ広告を出すことができません。コンテンツ向け広告はこの前段階であるAttention（注意・認知）、Interest（興味）のあるユーザーに広告を出稿することが可能です 02 。

02 消費者行動モデル　AISASとリスティング広告の関係

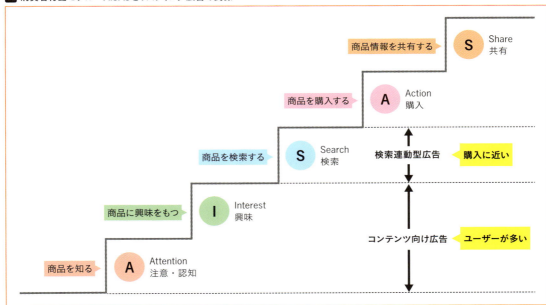

リスティング広告の強み

リスティング広告が運用型広告である点は前述しましたが、具体的に見てみましょう。リスティング広告の管理画面03では、広告が表示された回数や広告がクリックされた回数・広告費・問い合わせの件数（コンバージョン数）を確認できます。そして、いつでもオンライン上で入札単価や広告文を変更でき、数分で反映されるため、柔軟に調整が行えます。このデータが見えること、柔軟な調整が可能なことがいちばんのメリットです。広告を出稿して、費用対効果が合わなければすぐに広告を停止することもできます。

先ほどのAISASから見ても、「検索」と「広告」は非常に相性がよく、狙ったユーザーのみに広告を配信するといった細かい設定も可能です。コンテンツ向け広告も「無差別に広告を出す」というものでなく、Webサイトやユーザーのターゲティング[※1]が可能です。検索連動型・コンテンツ向けの両者とも知識を身に付けることで費用対効果をより高められます。

03 検索連動型広告の管理画面

広告のクリック数やコンバージョン数の推移がグラフで確認できる

リスティング広告の弱点

リスティング広告にも弱点は存在します。とくに検索連動型広告では、競合と広告枠を争うという点です。広告費はオークション制となるため、競合によってクリック単価が大きく変わってきます。競合がいないキーワードであれば1クリック1円から広告を出稿できますが、競合が多ければ1クリックで数千円かかる場合もあります。あくまで高い費用対効果が"見込める"広告媒体であることを理解しておきましょう。

また、運用型広告であるため、運用者によって費用対効果が大きく変わってくることから、運用者のスキルアップが必須です。リスティング広告の運用を請け負う代理店に依頼すると運用費がかかりますし、社内担当者が運用する場合は人件費や育成にかかる期間・コストも無視できません。

また、リスティング広告は広告メニューの追加・配信方法のアップデートが非常に早いため、日々の運用業務のほかに、新しい情報のキャッチアップも必要となります。

💡 リスティング広告だけで売上が伸びるわけではない

リスティング広告の目的は、あくまで広告をクリックしてランディングページ[※2]を見てもらうことです。その後の「購入」や「申し込み」などに結び付けるためにはランディングページの出来も非常に重要です。インターネット上では競合製品やサービスのページと比較されることが多いので、ユーザーが魅力を感じなければ、いくら広告でユーザーを集めたとしても、商品は売れず費用対効果も合いません。本書では詳しく触れられませんが、リスティング広告で売り上げを伸ばすためにはランディングページも非常に重要だという点を理解しておきましょう。

※1　ターゲティング
広告を配信する際に、配信先を指定すること。適切な人や場所に広告を配信することで、費用対効果が高くなる。コンテンツ向け広告で指定可能なターゲティングについてはP021を参照。

※2　ランディングページ
広告をクリックしてもらった際に表示する、着地（ランディング）用のページ。商品やサービスのメリットをわかりやすく訴求しながら、購入や申し込みなどを受け付ける役割をもつ。

リスティング広告のヘルプページを活用しよう

本書でも基本的なリスティング広告の設定方法や広告メニューについて解説していきますが、非常に多くの配信方法が存在するため、本書ですべてを網羅することはできません。またYahoo!プロモーション広告、Google AdWordsとも、日々アップグレードされ新しい広告メニューや配信方法が追加・変更されていきます。これらの詳細な情報や最新の情報は、両媒体とも充実したヘルプページを用意しているので、まずこちらに目を通してみましょう 04 05 。

広告を出稿する際は広告ポリシーが存在し、キーワードや広告が審査を通過しなければ出稿することはできませんが、ヘルプページには「なにが良くてなにが禁止されているか」という広告ポリシーも丁寧に記載されています。

また、両媒体ともサポートセンターがありますので、広告設定や審査などについてわからないことがあれば活用しましょう。

04 Yahoo!プロモーション広告 ヘルプページ

https://support-marketing.yahoo.co.jp/promotionalads/

05 Google AdWords ヘルプページ

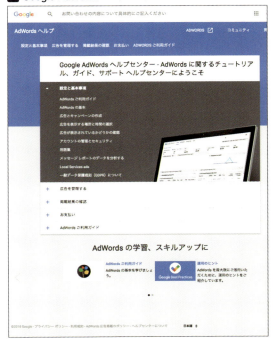

https://support.google.com/adwords/

02 検索連動型広告とは

基本編

検索連動型広告は、Yahoo! JAPANやGoogleなどでユーザーが検索した際の検索結果画面に出稿できる広告です。広告を出稿したいキーワードを設定することができ、キーワードに合わせて出す広告文も自分で作成できます。設定方法などはあとのCHAPTERで解説しますので、まずは概要を押さえておきましょう。

検索連動型広告とは

ユーザーが検索したキーワードに連動し、広告を出稿できるのが検索連動型広告です。広告はYahoo! Japan・Googleだけではなく、検索パートナー（BIGLOBEやgooなど）の検索エンジンにも掲載可能です。検索連動型広告の魅力は、何といっても出稿したいキーワードを自由に選べる点です。消費者行動モデルAISAS（P011）で説明した通り、商品購入前に検索するユーザーは多いため、出稿するキーワードを上手に選定することで新規顧客を獲得できる可能性が非常に高いです。また、キーワードだけではなく、検索時に表示されるテキスト広告も自分で自由に作成できます **01**。

01 広告の設定例

```
─── 広告を設定する ───
キーワードの設定例
　［ネイルサロン 保谷］
広告文を設定
```

▼ ユーザーが検索

| ネイルサロン 保谷 | 検索 |

大人の少し贅沢なネイルサロン｜美しく見える独
自技法／保谷2分｜monte-nail.com
[広告] www.monte-nail.com/

ココに来たら、もう他のサロンには行けないというお客様が多く、リピート率は9割以上。JNA資格ネイリスト。完全個室・完全予約制。3Dネイル対応

```
─── 広告を設定する ───
キーワードの設定例
　［ネイルサロン 大泉学園］
広告文を設定
```

▼ ユーザーが検索

| ネイルサロン 大泉学園 | 検索 |

大人の少し贅沢なネイルサロン｜美しい独自技法
隣駅の保谷2分｜monte-nail.com
[広告] www.monte-nail.com/

ココに来たら、もう他のサロンには行けないというお客様が多く、リピート率は9割以上。JNA資格ネイリスト。完全個室・完全予約制。3Dネイル対応

```
─── 広告を設定する ───
キーワードの設定例
　［フットネイル 保谷］
広告文を設定
```

▼ ユーザーが検索

| フットネイル 保谷 | 検索 |

大人の少し贅沢なネイルサロン｜フットネイルも
対応可／保谷2分｜monte-nail.com
[広告] www.monte-nail.com/

ココに来たら、もう他のサロンには行けないというお客様が多く、リピート率は9割以上。JNA資格ネイリスト。完全個室・完全予約制。3Dネイル対応

成約までの流れを知ろう

　検索連動型広告で注意しなくてはならないのは、ユーザーがそのキーワードを検索しなければ広告が表示されない点です。各キーワードの検索数(検索ボリューム)をコントロールすることは、大々的にTVCMを打つなどしないと難しく、中小企業には現実的ではありません。つまり、限られた検索数に対して広告を出稿し、自社サイトへ誘導する必要があります。

　02は2stepビジネスにおける検索連動型広告の検索から成約までの一連の流れを示しています。Webサイトから問い合わせ・資料請求などを受け付け、そこから成約に結び付けるビジネスモデルを、2stepビジネスと呼びます。

　これを見ればわかるように、設定したキーワードで広告が出稿されたとしても、すべてのユーザーが広告をクリックしてくれるわけではありません。広告を見たユーザーがクリックする確率を1％と仮定した場合、100,000回の検索ボリュームに対して1,000ユーザーがサイトに訪問します。そこからさらに問い合わせをしてくれるユーザーが1％だとすると10件の資料請求を獲得でき、そこから成約に至るユーザーが10％だとすれば1件の成約となります。つまり、100,000回の広告表示に対して1件の成約です。

　検索ボリュームは設定するキーワードによって変わりますし、広告のクリック率やサイト訪問からの問い合わせ率なども、業種によって大きく違います。また、広告を出稿するキーワード・広告文・ランディングページ・サービスによっても異なりますが、このような一連の流れがあることは理解しておきましょう。

02 すべてのユーザーが広告をクリックして成約するわけではない

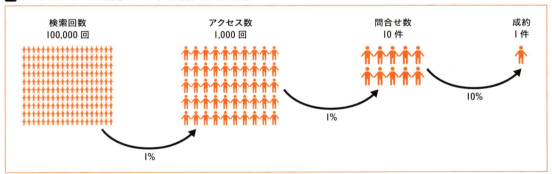

※設定したキーワードが検索されるたびに広告が100％表示されるわけではありませんが、ここではわかりやすくするために「検索ボリューム＝広告の表示回数」と仮定しています

検索連動型広告の弱点

　検索連動型広告の弱点は、広告のクリック単価がオークション制となるため、同じキーワードで広告を出稿している競合が多いほど広告費が高騰する傾向がある点です。また、ユーザーは複数の商品やサービスを確認して比較することが多いため、広告でいくら工夫しても、ランディングページや商品・サービスの魅力で勝てないと費用対効果が合わない場合があります。

　さらに、設定したキーワードの検索ボリューム自体が小さい場合は、広告を出稿したくてもほとんど表示されない状況になってしまう点にも注意しましょう。

オークションのしくみ

リスティング広告はオークションによってクリック単価が決まる点には何度か触れましたが、そのしくみを詳しく見てみましょう。

リスティング広告は、じつは単純にクリック単価を高く設定した広告から順に表示されるわけではありません。キーワードが検索された際、「広告ランク」を計算して、この値が高い順に掲載されます03。

広告ランクは、「入札単価×品質スコア＋広告フォーマット（広告表示オプションなど）」で計算されます（Yahoo!プロモーション広告では品質スコアを品質インデックスと呼びます）。

03 広告ランクが高い順に掲載される

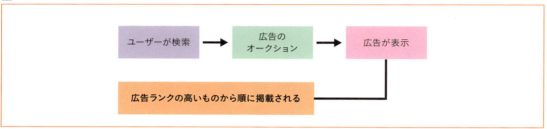

つまり、広告ランクには広告の品質も重要になります。GoogleやYahoo! JAPANにとっても、クリックされない広告やクリックした際にユーザーが不満を覚える広告を掲載することは望ましくないので、品質とクリック単価の両方を掛け合わせて広告表示の優先度を決めているわけです。

このことから、04のように品質スコアが高ければ入札単価が低くても上位に表示される場合もあります。

04 広告の掲載順位

				掲載順位
A社	入札50円	品質スコア 4	広告ランク 200	3位
B社	入札35円	品質スコア 6	広告ランク 210	2位
C社	入札32円	品質スコア 5	広告ランク 160	4位
D社	入札22円	品質スコア 10	広告ランク 220	1位

品質スコアのしくみ

では、品質スコアがどのように決まるのかを見てみましょう。品質スコアは主に「推定クリック率」「広告の関連性」「ランディングページの利便性」の3要素から決まります。つまりユーザーにとって、広告がニーズに沿っていて、ランディングページが有益であれば、品質スコアが上がります。品質スコアが高ければ広告ランクが上がり、結果として掲載順位が上がったり、クリック単価を抑えられたりします**05**。

品質スコアは、広告に設定したキーワードごとに評価され、広告がオークションにかかるたびに計算されます。品質スコアはP104の操作で管理画面から確認できますし、ステータス欄にある「有効」をクリックすると「推定クリック率」「広告の関連性」「ランディングページの利便性」の評価を個別に表示することも可能です**06**。

なお、クリック率は掲載順位が高ければ自然に上がりますが、その点は品質スコアの評価には影響しません。入札額を高くして掲載順位を上げることでクリック率が上がっても評価はされず、それぞれの掲載順位でのクリック率が高いかどうかで判断されます。

品質スコアは掲載順位やクリック単価に関わる重要な要素となりますが、品質スコアを必死に高めても、そもそものキーワードで出稿すること自体が費用対効果が悪いというケースもあります。品質スコアだけに囚われないように注意しましょう。

05 品質スコア

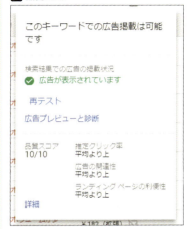

06 ステータス欄の「有効」をクリック

広告費のしくみ

クリック単価が決まるしくみも見てみましょう。管理画面上で設定した入札単価は「1回のクリックでの最大でかかる広告費」であり、実際は入札単価よりも低い金額がクリック単価となります。

少し複雑な計算になりますが、実際にかかるクリック単価は「掲載が1つ下の広告ランク÷自社の品質スコア＋1円」という計算式で算出されます。たとえば**04**の場合、掲載順位3位のA社のクリック単価は「4位のC社の広告ランク160÷A社の品質スコア4＝40」に＋1円した41円です。

入札単価は、広告グループ（P027）かキーワードに設定します。キーワードに入札単価を設定していないときは、広告グループでの設定で広告が出稿され、両者に設定しているときは、キーワードに設定している入札単価で出稿されます。また、リスティング広告では、手動で入札単価を設定する以外に、システムで自動的に入札単価を決める設定も用意されています。

検索連動型広告で成果が出しやすいケースと出にくいケース

　検索連動型広告では、顧客獲得単価（顧客を1人獲得するためにかけるコスト）を高く設定できるほど、成果を出しやすくなります。顧客獲得単価はLTV[※1]から算出するため、企業によって変わります。07のような2つのネイルサロンで考えてみましょう。

　ここではわかりやすく、立地条件やサービス、料金が同じ条件であると仮定します。LTVに対する広告費率を50%とした場合、A店の顧客獲得単価の目標が7,500円となるのに対し、B店は15,000円となります。前述のように、検索連動型広告はキーワード指定によるオークション制で表示される広告です。サイト訪問からの成約率が同じ1%であれば、A店の入札単価が75円となるのに対し、B店は2倍の150円を設定できます。

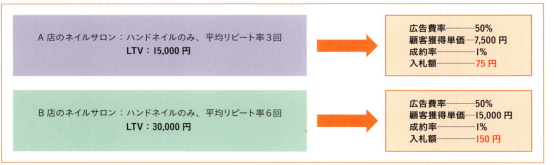

07 A店とB店のLTV

　次に08のB店とC店を比べてみます。LTVは同じなので、同様の条件であれば両店とも入札単価は150円です。しかし、C店はB店の行ってないフットネイルを訴求できるため、サイト訪問からの成約率が1.5%に上がったとします。この場合、C店は入札単価を225円にできます。前述のように単純に入札単価だけで掲載順位が決まるわけではありませんが、このような場合、A店は成果が出しにくいといえます。

08 B店とC店のLTV

※1 LTV
Life Time Value（ライフタイムバリュー）の略で、顧客生涯価値ともいう。新規顧客獲得から利用終了までの期間に顧客から得られる利益のこと。詳細はP156参照。

人が絡むサービスは差別化しやすい

　先ほどはわかりやすくするために立地や料金などは同じものと仮定して解説しましたが、実際のネイルサロンの場合、立地はそれぞれ違いますし、料金や施術内容も異なります。さらに、ネイリストによって施術技術の熟練度も変わります。

　同一のビジネスモデルであっても、サービス品質や料金はそれぞれ違うものになるため、各店舗の強みと弱み、ターゲット層は変わってきます。広告とランディングページでそれらを明確に訴求できれば、検索連動型広告は高い費用対効果が見込めます。人が絡むサービスは差別化がしやすく、ユーザーのニーズをしっかりと汲み取ることが大切です。

　逆に、通販などで同一商品を販売している場合は、広告やランディングページで差を出しづらくなります。商品や送料、配送日数、決済方法など、価格以外がすべて同じで「A社で買うと10,000円、B社で買うと12,000円」である場合は、大半のユーザーはA社で購入します。このような場合は、B社は検索連動型広告で費用対効果を出すのが厳しくなります。対してA社のように他社よりも安価で販売でき、かつランディングページも充実させたうえで検索連動型広告を活用すると、一気に市場のシェアを取れてしまうこともあります。

　自社のビジネスモデルの独自の強みを活かして、検索連動型広告を活用していきましょう。

広告出稿がほぼできない企業もある

　筆者はリスティング広告のコンサルティング・運用代行を主業務にしていますが、事業としてはネイルサロンも営んでいます。このネイルサロンは東京都西東京市の保谷駅付近にあります。検索連動型広告は非常に費用対効果が高いものの、広告費は月に5,000円ほどしか使えていません。検索があって初めて広告が表示されるため、もっと広告費をかけて集客したいと思っても、検索ボリュームが小さく広告費が使えないというケースが出てきます。登録するキーワードを増やすなどして広告の露出を拡大することはできますが、費用対効果が合わない場合もあります09（キーワードの展開方法についてはP142参照）。また、まだ世の中に知られていない新しいサービスや商品は、そもそも検索されないため、検索連動型広告には向きません。

09 配信エリアを広げることで広告費は使えるが、費用対効果が落ちる

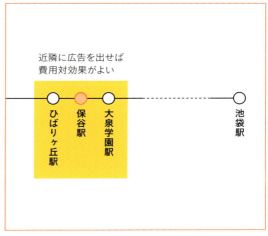

03 コンテンツ向け広告

〈基本編〉

Yahoo!プロモーション広告の「Yahoo! ディスプレイアドネットワーク（以下 YDN）」と「Google AdWords ディスプレイネットワーク（以下 GDN）」がコンテンツ向け広告です。検索連動型広告とは違い、コンテンツにバナー（画像）広告やテキスト広告を出稿することができます。

コンテンツ向け広告とは

コンテンツ向け広告では、Yahoo!ニュースなどのYahoo! コンテンツ内のページや、ブログやアプリなどGoogle AdSenseが設置されているページに、バナー広告（画像）やテキスト広告を配信することができます **01**。検索連動型広告がキーワードを指定して広告を出稿するのに対し、コンテンツ向け広告では、ユーザーや配信サイトをターゲティング（詳しくは次項で解説します）して広告を配信します。コンテンツ向け広告も、広告費はクリック課金（一部はインプレッション課金[※1]）となるため、広告が表示されてもクリックされなければ広告費はかかりません。

コンテンツ向け広告には膨大な量の配信面（広告掲載スペースのこと）があるため、検索連動型広告ではキーワードの検索ボリュームが小さく広告が出稿できないケースでも出稿可能です。ただし、P011で紹介したAISAS理論でいう、Attention（注意・認知）、Interest（興味）の段階にいるユーザーへの広告出稿が多くなるので、Action（購買）から遠いぶん、費用対効果を合わせるためには工夫して配信する必要があります。

01 Yahoo!コンテンツ内のコンテンツ向け広告

※1　インプレッション課金
インプレッションは表示回数のこと。広告がクリックされた際に広告費が発生するクリック課金と違い、クリックの有無を問わず、広告がユーザーに表示された回数に応じて広告費が発生する。

コンテンツ向け広告ターゲティングの種類

　ターゲティングとは、広告を配信する際に、手当たり次第に配信するのではなく、効果が高いと予想される状況に限定して配信することをいいます。コンテンツ向け広告では、大きく分けると「人のターゲティング」と「配信面のターゲティング」の2種類があります 02 。

　代表的な「人のターゲティング」は「リマーケティング」（YDNではサイトリターゲティング）で、一度自社のサイトに訪れたユーザーに広告を配信する手法です。自社のサイトに訪れたことがあるユーザーは購買意欲が高いと考えられるため、費用対効果も高くなることが見込めます。

　「配信面のターゲティング」では、どのサイトへ広告を出すか、またはどのようなコンテンツをもつサイトに広告を出すかを指定できます。たとえば化粧品を販売している企業であれば、Yahoo!ビューティーに広告を出稿することもできます。さまざまなターゲティングの特性を理解して広告を配信することで、新規顧客の獲得が見込めます（ターゲティングの詳細はCHAPTER5参照）。

02 コンテンツ向け広告のターゲティングの種類

人のターゲティング
・リマーケティング 　自社サイトに訪問したことがあるユーザーに広告を表示
・類似ユーザー 　自社サイトに訪問したことがあるユーザーと共通の特徴をもつユーザーに広告を表示
・サーチターゲティング（YDNのみ） 　特定のキーワードを検索したことがあるユーザーに広告を表示
・アフィニティ（YDNはインタレストカテゴリー） 　ユーザーの興味・関心をカテゴリーで指定して広告を表示
・インテント（GDNのみ） 　購買を前向きに検討しているユーザーに広告を表示
・性別／年齢／地域／子供の有無（GDNのみ） 　それぞれのユーザーの属性にあわせて広告を表示

配信面のターゲティング
・コンテンツターゲット（GDNのみ） 　指定したキーワードやトピックが掲載されているサイトに広告を表示
・プレースメントターゲット 　特定のサイトを指定して広告を表示
・トピックターゲット（GDNのみ） 　コンテンツターゲットの一種で、指定したトピックが掲載されているページに広告を表示
・サイトカテゴリー（YDNのみ） 　特定のカテゴリーに属するサイトに広告を表示

広告を出稿したいユーザーを考える

コンテンツ向け広告に限りませんが、集客をしていくうえで「どのようなユーザーが自社商品を購入するのか」を理解することが必要です。そして、「商品を購入するユーザーはなぜ商品を購入したいのか」を考えることで、費用対効果の高い広告運用ができるようになります。広告の設定や調整はパソコンに向かって行いますが、広告の配信先には必ず「人」がいます。「誰に何を伝えるのか」ということをしっかりと把握できれば、自然にキーワードや広告文も見えてきますし、コンテンツ向け広告のターゲティングも適切なものを選べます。

コンテンツ向け広告の強み

　検索連動型広告では検索ボリュームが広告配信の上限になるのに対し、コンテンツ向け広告は配信面が膨大にあります。配信サイトやユーザー属性などを指定できるターゲティング機能も充実しており、たとえば化粧品を販売している広告主であれば、美容関連のページに広告を出せます。

　また、クリック単価を抑えやすい点もメリットです。どのようにターゲティングするか、どれぐらいの配信量にするかによって入札単価は変わりますが、数円〜50円ほどでも広告の出稿を見込めます。検索連動型広告で出稿すると1クリック数千円という市場でも、コンテンツ向け広告を活用すればクリック単価を抑えられるのです。行動ターゲティングとなるリマーケティングや、YDNの検索履歴のあるキーワードを利用したサーチターゲティングなど、さまざまなターゲティング機能を活用することで、費用対効果の向上を目指せます 03。

03 ターゲティングの位置関係

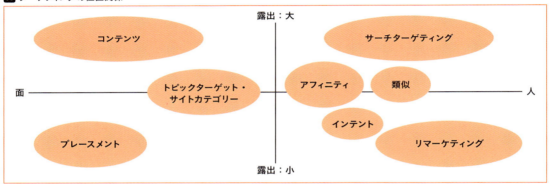

コンテンツ向け広告の弱点

　ユーザーがページ内のコンテンツを読んでいるところに広告を出稿するため、検索連動型広告に比べると広告に対するユーザーの興味は低くなりがちです。そのため、ターゲティングを上手く活用できていないと費用対効果が合わないこともあります。

　また、コンテンツ向け広告はテキストでの広告枠もありますが、メインはバナー（画像）での配信です（バナーとテキストを組み合わせた広告もあります）。バナーサイズは非常に多く（P044参照）、運用の際にはバナーの種類ごとのパフォーマンステストなども必要になるため、広告作成の時間とコストが検索連動型広告よりも大きくなります。

COLUMN

コンテンツ向け広告における一歩先の思考

　検索連動型広告で高いパフォーマンスを出せると、「もっと広告費をかけたいのに、広告費が使えない」という状況になることがよくあります。筆者が広告運用を依頼された際、より多くの顧客獲得に向け、キーワードの追加や入札調整、広告文の追加などを行いますが、それでも広告主が希望している広告費を使い切れないケースも出てきます。

　その点、コンテンツ向け広告では広告露出を増やすこと自体は容易なので、どのようにしてコンテンツ向け広告で効率よく顧客を獲得していくかを考えるようになります。もちろん、ターゲティングや広告の改善をしていきますが、ランディングページや販売方法まで考えることもあります。

　そもそも検索連動型広告でサイトに訪問するユーザーは、その内容に興味をもって情報やサービスを探しているユーザーが大半です。一方コンテンツ向け広告から訪れるユーザーは、ほかのページを読んでいる途中で、広告をクリックしたことになります。元々の情報収集や購買の意欲に差がある状態で、はたして同じランディングページでよいでしょうか？

　この課題はリマーケティングでも同様で、ページに訪れたことのあるユーザーに対して広告を配信する際、商品を買わずに離脱したユーザーに、再度同じページを見せることは適切でしょうか？

　また、商品の販売方法も1つではありません。「資料請求」と「商品購入」ではハードルが大きく違いますし、「メルマガ登録」をスタートラインにして、そこから集客をしてく方法もあります。検索連動型広告とコンテンツ向け広告のゴールが同じでよいでしょうか？

　もちろん、このような考え方は「理想」に近いため、現実にどこまで対応できるかという問題はあります。リスティング広告は、広告自体の調整でもできることにキリがなく、広告設定以外についてもできることが多々あります。広告の運用では「どこまでやるか」を考えなくてはなりません。

　広告のゴールが資料請求で、そのあとにメールや電話で成約に結び付ける2stepビジネスでは、検索連動型広告経由かコンテンツ向け広告経由かによって成約率が大きく変わることがよくあります。コンテンツ向け広告で獲得したユーザーは検索連動型広告の1/5しか成約しないということも珍しくありません。このような要素も考慮しておかないと、管理画面上の数字はよいのに売り上げが伸びないという状況になってしまいます。

　広告出稿の目的は、管理画面上の数字をよくすることではなく、あくまで「売り上げを上げること」です。広告の運用者として管理画面を睨みながら最適化を進めることも大切ですが、本来の目的を見失わないように気を付けましょう。

04 リスティング広告の構造を理解しよう

基本編

まだリスティング広告を運用したことがない人は、管理画面上での用語や構造でわからないことが多くあるでしょう。ここでは、アカウントやキャンペーン、広告キーワードなど、リスティング広告を始める前に知っておきたい広告のしくみについて解説します。

アカウントの種類

　リスティング広告の構造は「アカウント」「キャンペーン」「広告グループ」の3段階の階層があります。まず、最初にアカウントを開設する必要があります。

　リスティング広告で使うアカウントは、Yahoo!では検索連動型広告の「スポンサードサーチ」とコンテンツ向け広告の「Yahoo!ディスプレイアドネットワーク（YDN）」の2つ、Googleでは「Google Adwords」の1つです 01。具体的な開設手順はCHAPTER3～4で解説しますが、検索連動型広告・コンテンツ向け広告の両者を配信する場合はこれらのアカウントを作成する必要があります。

　なお、検索連動型広告しか出稿しない場合はYDNのアカウントは不要ですが、Yahoo!とGoogleどちらか片方だけの出稿は機会損失が生まれることにつながりますので、これらは両方使うことをおすすめします。

01 リスティング広告で使うアカウント

アカウントの管理システム

　企業の規模や戦略によっては、複数のアカウントを使用したい場合もあります。Yahoo!のスポンサードサーチ、YDNのアカウントに関しては、Yahoo!ビジネスマネージャーという管理システムで管理できます。中古品売買などのビジネスを営んでおり、販売と買取でスポンサードサーチやYDNのアカウントを分けたい場合についても、1つのビジネスマネージャーのアカウントで管理可能です。

　Google AdWords（以下AdWords）に関しては、Googleアカウントを利用しますが02、複数のアカウントを運用することができません。複数のAdWordsアカウントを管理したい場合は、Google AdWordsクライアント センター（以下MCC）アカウントを開設する必要があります03。

　なお、Yahoo!プロモーション広告・AdWordsアカウントともに、他ユーザーとの共有や管理者権限の付与は可能です。

◎ MCCアカウントは最初に作成しておく

　MCCアカウントで注意が必要なのが、既存のAdWordsアカウントからMCCアカウントに移行することはできず、MCCアカウントは新規作成しなくてはならない点です。そのため、MCCアカウントを利用する可能性がある場合は、最初に作成しておいたほうがよいでしょう。一般に社内担当者などで1アカウントで運用する予定であれば、AdWordsアカウントでかまいません。広告代理店などのように複数社のアカウントを管理する必要がある場合や、企業規模が大きく複数の商品ごとのアカウントを管理しなくてはならないような場合は、開始段階からMCCアカウントを作成しておきましょう。

02 Google AdWordsアカウント開設ページ

https://www.google.co.jp/adwords/

03 MCCアカウント開設ページ

https://adwords.google.com/intl/ja_jp/home/tools/manager-accounts/

アカウント構造を理解する

アカウントの基本的な構造は、スポンサードサーチ、YDN、AdWordsの3つすべて同じです04。構造は3階層で、1つのアカウントで複数のキャンペーンを作成でき、1つのキャンペーンで複数の広告グループを作成できます。広告グループにはキーワード（検索連動型の場合）と広告が入ります。

なお、詳しくは後述しますが、キャンペーンと広告グループに設定できる項目や条件は、広告の種類によって若干異なります。たとえば、「配信エリア」と「広告配信の時間帯」の場合、スポンサードサーチとAdWordsではキャンペーン単位での設定ですが、YDNの場合は広告グループ単位で設定します。

04 アカウント構造

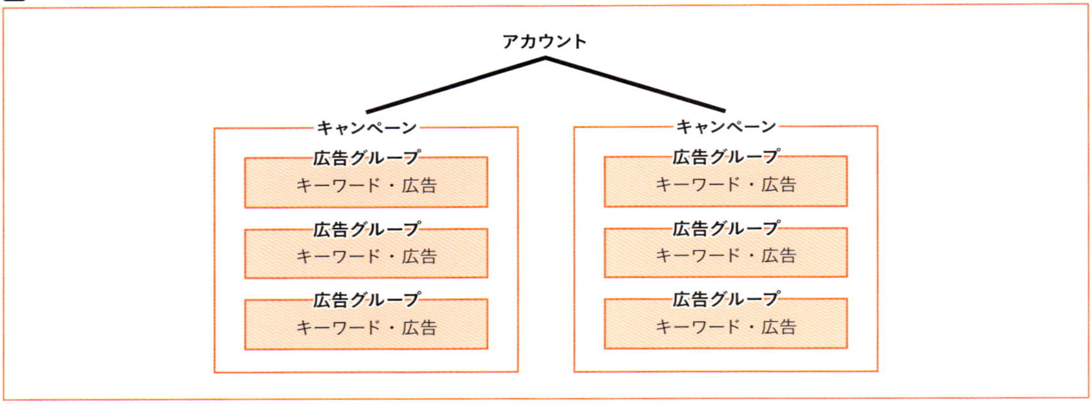

キャンペーンのしくみ

リスティング広告は、広告グループに設定した「キーワード」とセットになった「広告」が配信されます。キャンペーンの役割は広告グループをまとめることなので、広告を配信する際にキャンペーン数が1つであっても複数であっても問題ありません05。

たとえばYahoo!のスポンサードサーチでは、「配信エリア」「時間帯配信」「1日の広告予算」はキャンペーン単位でしか設定できません。東日本と西日本で広告を分けて配信するような場合は、キャンペーンも2つに分ける必要があります。

なお、キャンペーンは細かく分けられるものの、スポンサードサーチやYDNで最大100個までの上限があります（AdWordsの場合は1,000個）。また、2018年5月現在、キャンペーン単位での広告出稿量のデータをもとに自動化も進んでいるため、まとめられるキャンペーンはまとめた方がよいでしょう。

◎キャンペーンを分ける基準

先述の配信エリアや配信時間帯のほか、出稿したいキーワード（店舗名・ネイルサロン・フットネイルなど）によって1件の顧客獲得単価が大きく異なる場合は、キャンペーンを分けた方が運用しやすくなります。現状では、指名系（会社名・店舗名・サービス名・サイト名などの固有名詞）と、そのほかという分け方が一般

05 キャンペーンと広告グループ

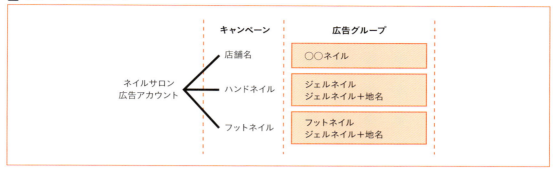

　上図では、1店舗のみで開業しているネイルサロンを例にキャンペーンを3つに分けています。予算のコントロールという面を重視するならば、1日の予算はキャンペーン単位で設定するため、1つのキャンペーンにまとめた方が容易です。

　ですが、店舗名を知っているユーザーと知らないユーザーでは、1件の獲得単価が大きく違います。2種類のユーザーで顧客獲得単価の目標を変える場合はキャンペーンを分けた方がよいでしょう。

　また、ハンドネイルとフットネイルでLTV（詳細はP156参照）が違う場合も、顧客獲得単価の目標は変わります。このように、広告の運用しやすさを考えながらキャンペーンを分けましょう。

広告グループ・キーワード・広告の関係性

　リスティング広告の最小単位となる広告グループは、キーワードと広告のセットです。検索連動型広告なら、ある広告グループに設定されたキーワードを検索したら、そのキーワードとセットになっている広告が表示されます 06。1つの広告グループに複数のキーワードと広告を設定でき、複数の広告文を設定した場合は、ユーザーがキーワードを検索した際、システム側で適切だと判断した広告文を表示します。

　広告グループを分けることで、ユーザーが検索したキーワードに応じて、出稿する広告をコントロールできます。また、クリック単価の入札額は広告グループ単位で設定できる点も覚えておきましょう。

06 広告グループから出稿される広告の流れ

広告予算の考え方

基本編

費用対効果がわかりやすく、柔軟な調整ができるリスティング広告では、適切な目標と予算を設定することが非常に重要です。最初はおおまかでもよいので目標設定し、費用対効果を見ながら適正予算を見極めつつ広告予算を決めていきましょう。

検索ボリュームとおおよそのクリック単価から目標を立てる方法

AdWordsでは、キーワードプランナーというキーワードボリューム・想定入札単価を算出してくれるツールがあります。たとえばキーワードプランナーで「ネイルサロン 新宿」と「ジェルネイル 新宿」で調べてみると、**01**のような数値がでてきます。「ネイルサロン 新宿」と「ジェルネイル 新宿」の月間検索ボリュームは広告が表示されるであろう上限が830回で、実際に広告をクリックするユーザーはここから減ります。仮に5%の人が広告をクリックしてサイトに訪れるとした場合に、クリック数は

830×0.05＝41.5です。クリック単価が55円だとすると広告費は41.5×55＝2,282円となります。また、サイトにユーザーが訪れてから予約をしてくれるユーザーが仮に2.5%と仮説を立てた場合、41.5クリック×2.5%＝1.03件となります。机上の計算では広告予算2,500円ほどで1件という目標を立てることが可能です。すべてのキーワードを調べるにはいきませんし、あくまでおおよその数字の把握ということで考えてください（この数値はGoogleのみです）。

01 キーワードプランナー

検索語句		月間平均検索ボリューム ?	競合性 ?	推奨入札単価 ?
ネイル サロン 新宿		720	低	¥54
ジェル ネイル 新宿		110	低	¥62

スポンサードサーチにも「キーワードアドバイスツール」があります。キーワードアドバイスツールでは、設定するキーワードのほかに入札単価を入れてシミュレーションすることができ、実際の広告費がどれぐらいになるか算出してくれます。

これらのツールについてはP134で詳しく紹介します

が、キーワードプランナーにせよ、キーワードアドバイスツールにせよ、あくまでツール上での算出となるため、実際に広告出稿をしてみたら広告費が大きく違ったということはよくあります。あくまで運用前の目安として考えてください。

顧客獲得単価と獲得件数から予算を決める

02 広告予算の算出方法

| 目標獲得単価 | × | 希望の獲得件数 | = | 広告予算 |

広告予算は、目標獲得単価と希望の獲得件数から算出するのが一般的です**02**。しかし、目標獲得単価と希望の獲得件数が現実と乖離してしまうことは少なくありません。とくに検索連動型広告では、検索するユーザーがいなければ広告も出稿できないのです。

また、リスティング広告を一度も出稿したことがない場合は、クリック単価の予測も容易ではなく、このような予算設定ができないこともあります。

スタート時は、ある程度の予算組みをして顧客獲得単価を目標とする

リスティング広告では、時期的な需要の増減などによって大きく検索ボリュームが変わることも多く、競合の有無によってクリック単価が変わることもよくあります。予算をきっちり決めてしまうと、機会損失が生まれてしまうこともありますし、想定通りにいかず広告費があまり使えないこともあります。

リスティング広告は少額予算でスタートできること、また広告費の追加や出稿停止もすぐにできることが大きなメリットです。まずはテスト運用としての予算を決め、実際に広告を配信してから広告予算を決めることも多くあります。

また、月の広告予算に50万円出せるとしても、費用対効果を考えると10万円ほどの広告費がよいといったケースも少なくありません。適正な予算が10万円だった場合、無理して50万円分の広告を出稿すると費用対効果は下がりがちです。顧客獲得単価で目標を設定し、月の予算はおおよそで決めてしまう方が上手くいくケースが多くあります。

すべてのケースに当てはまるわけではありませんが、多くの広告アカウントでは顧客獲得件数と顧客獲得単価の関係は**03**のような二次曲線を描きます。バランスを誤ると獲得件数の増加以上に獲得単価が高騰してしまうため、適正予算の見極めは非常に重要です。

03 広告予算の二次曲線

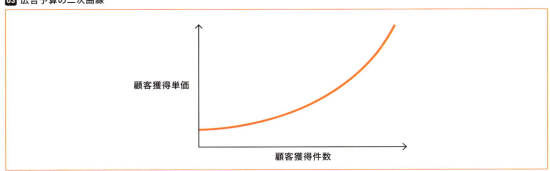

06 リスティング広告のタグについて

基本編

リスティング広告では、効果を測定するために「タグ」と呼ばれるコードをWebサイトに設置する必要があります。また、効果測定だけではなくコンテンツ向け広告のリマーケティング機能を利用するためのタグも存在します。

リスティング広告のタグについて

リスティング広告の運用では、大きく分けて2つの種類のタグをWebサイトに設置する必要があります。コンバージョン計測用のタグはサンクスページ（コンバージョン行動後に「ご購入ありがとうございました」などを表示するページ）に、リマーケティングに使用するタグは基本的にWebサイト内のすべてのページに設置します **01**。

タグを設置しなければ、リスティング広告のメリットである費用対効果の把握ができず、リマーケティング機能も利用できません。設置するタグは管理画面などで生成します（P052、068）。Webサイトの制作会社に依頼するなどして、必ず設置するようにしましょう。

01 リスティング広告タグの設置場所

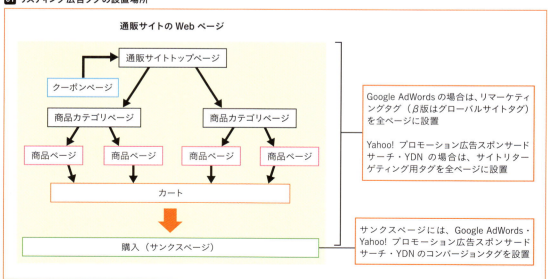

コンバージョン測定とは

　コンバージョンタグをサンクスページなどに設置することで、1件の獲得単価を測定できます。また、スマートフォンで電話ボタンをタップするといった行動も、コンバージョンとして計測可能です。

　コンバージョン計測では件数だけではなく、「日時」「キーワード」「広告」も特定できます。これはリスティング広告で最適化を図るうえで非常に重要な判断材料となります。

　「日時」に関して注意が必要なのは、最後に広告をクリックした日にコンバージョン件数が加算される点です。たとえば広告をクリックした直後には購入せず、後日ブックマークなどからサイトを訪問して購入した場合は、過去の日付でコンバージョンが測定されます。コンバージョンが発生した日ではない点を理解しておきましょう **02**。

　また、スポンサードサーチの検索連動型広告をクリックし、後日AdWordsのリマーケティング広告をクリックして購入した場合は、スポンサードサーチ・AdWordsの両者にコンバージョンが加算されます。この場合は、単純に合計した数字と実際の問い合わせ数等が異なりますので、この点も注意が必要です。

　なお、各ツール（Googleアナリティクスなど）によりコンバージョン測定の定義が異なるので、利用するツールでの測定方法はあらかじめ理解をしておきましょう。

02 コンバージョンが加算される日付

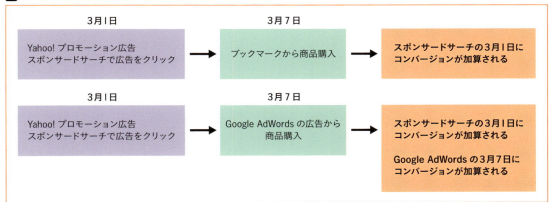

スマートフォンでは電話でのコンバージョン測定もできる

　リスティング広告では、パソコン・タブレット・スマートフォンそれぞれのデバイスに対して広告配信が可能です。スマートフォンでは、メールフォームでの問い合わせのほか、電話での問い合わせもできるケースが多いでしょう。サイト上に電話をかけるボタンを設置した場合は、サンクスページがなくても、電話ボタンのタップをコンバージョンとして測定できます。

　ただし、「ボタンのタップ」を測定しているため、誤タップした場合や、電話がつながらなかった場合も加算されます。実際の電話での問い合わせ数よりも件数が多くなってしまうことが頻繁にありますので、このしくみは理解しておきましょう。

リマーケティングタグについての注意点

リマーケティングタグはユーザーが自社サイトに訪問したことを記録するためのもので、基本的にサイトのすべてのページに設置する必要があります。

ただし、2018年5月現在、Google AdWordsにはβ版の新しい管理画面がありますが、新しい管理画面の場合はリマーケティングタグが存在せず、グローバルサイトタグを全ページに設置するしくみに変わっています。自分で使っている管理画面が従来のものか新しいものかを把握したうえで、設置するタグを決めましょう **03** **04**。

03 現状のGoogle AdWordsの管理画面

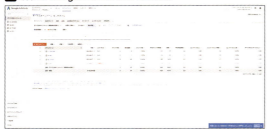

04 β版のGoogle AdWordsの管理画面

💡 コンバージョンタグの工夫

コンバージョンタグは、基本的にはサンクスページに設置します。運用者であれば、実際に問い合わせや商品の購入に結び付いたキーワードや広告を把握することは必須です。ですが、コンバージョン数が少なく月に数件しかない場合は、データが少なすぎて広告パフォーマンスを向上させるための最適化が難しくなってしまいます。

コンバージョンタグは必ずサンクスページに設置しなければならないわけではないので、広告を運用しやすくするため、問い合わせフォームなどにコンバージョンタグを設置するのも選択肢の1つです。

また、タグ設置のハードルは上がりますが、ECショップなどはタグを動的に出力することで、実際にユーザーが購入した金額を管理画面に表示することができます。購入金額を把握することで、購入件数のみではなく、ROAS（広告費用対効果）で目標を立てていくことも可能となります。

💡 タグマネージャーを利用する

現在では、AdWords以外のツールなどでもタグを設置するケースが増えています。本書では詳しく触れませんが、Yahoo!タグマネジャー、Googleタグマネージャーなどを使うことで、タグの一元管理が可能です。タグマネージャーのタグを設置しておけば、タグの管理が管理画面上から行えるので非常に便利です。また、リマーケティングで「直帰したユーザーを対象外にするため、サイトに訪問してから5秒後にリマーケティングタグを動かす」といった挙動も設定できるようになります。

CHAPTER 2

広告出稿前の準備をしよう

リスティング広告を実際に出稿する前に、準備段階としてどのようなキーワードや広告文にするかを考えておく必要があります。本章では、ネイルサロンのリスティング広告を例に、どのような準備が必要かを具体的に見ていきます。

01 リスティング広告の出稿前にキーワードを考えよう

準備編

リスティング広告を設定する前に、キーワード・広告を考えてみましょう。ここからは筆者が運営するネイルサロンの広告を題材に進めていきます。例として進めていきますので、自社に置き換えて考えてみましょう。

リスティング広告を考えるうえでの題材

本章では、リスティング広告を出す際にどのような情報を整理しておく必要があるかを解説していきます。この際、具体的な事例に沿って考えたほうがわかりやすいため、**01**のようなネイルサロンを題材に解説を進めていきます。

01 題材の例「ネイルサロン」

【題材】ネイルサロン

- 店舗名：monte nail（モンテネイル）
- 住所：西武池袋線 保谷駅から徒歩2分
  （東京にあるネイルサロン）
- 特徴：店舗型ではなくマンションの一室を利用
- 価格：近隣のネイルサロンより1.5倍近い価格
- 来店方法：近隣にお住まいがある方 or 電車
- 目的：新規顧客の獲得
- ターゲット層：30代以上の女性

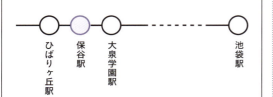

出稿する軸キーワードを考えよう

小さなネイルサロンでは、どのようなキーワードを選べばよいか考えてみましょう。考え方のポイントは、自分がサービスを検索するユーザーの立場に立って考えることです。

まず、押さえるべきは店舗名です。店舗名で検索した際、自然検索で1位に掲載されていたとしても、広告を配信するのがおすすめです。店舗名で検索した場合に他店舗の広告が表示されてしまうと、せっかくのユーザーが他店に行ってしまう可能性もありますし、クリック単価も安く出せる場合が多いため、「検索結果の面を取る」という意味でも効果があります。店舗名でのキーワードでも、「モンテネイル」というカタカナもあれば「monte nail」という英語表記もありますので、キーワードの漏れがないようにします。

次に一般的なキーワードを考えていきましょう。検索連動型広告では「ネイルサロン　〇〇」という複合キーワードも設定します。まずは「ネイルサロン」の部分、複合語と掛け合わせる軸キーワードを考えてみます。ネイルサロンを探しているユーザーに対して広告を出したいため、当然「ネイルサロン」はかかせません。それでは「ネイル」というキーワードはどうでしょうか？「ネイル」単体での検索と考えると、ユーザーの意図が見えにくいですが、「ネイル　格安」で検索するユーザーはネイルサロンを探しているユーザーになると予測できますので、「ネイル」も軸キーワードにできます。同じように「ジェルネイル」も軸キーワードになります。そのほかにも、足のネイルは「フットネイル」というキーワードを使うので、こちらも軸キーワードとして使えます 02。

キーワードプランナーやキーワードアドバイスツール（→P134）を使うことで、考えていなかったキーワードが見つかることもありますが、まず自身でキーワードを考えましょう。

02 軸キーワード

店舗名のキーワード	軸のキーワード
・モンテネイル ・monte nail	・ネイルサロン ・ネイル ・ジェルネイル ・フットネイル

掛け合わせの複合キーワードを考えよう

掛け合わせの複合キーワードとは「ネイルサロン　〇〇」の〇〇の部分です。このキーワードも自分で考えてみましょう。ツールやサジェスト（検索時にキーワードを入れると表示される予測変換）などから見つけることはできますが、ユーザー心理を理解する意味も含めて、「自分で検索をするとしたらどのようなキーワードになるか」ということを考えるようにします 03。

ネイルサロン（男性の方であれば美容室などで考えるとわかりやすいです）を探す場合ですが、多くの方が思い付くのが「地名」でしょう。いろいろなニーズはありますが、場所が遠くては行くことが難しいため、地名は外せません。この例のようにキーワードには「ユーザーのニーズ」が含まれることが多いです。たとえば料金を気にするユーザーであれば「格安」や「激安」などと入れることも考えられますし、安心感を求めているユーザーであれば「人気」や「評判」などのキーワードで検索す

ることも予想できます。考えられるキーワードは、すべてピックアップしていきましょう。

「地名」に関しては、このネイルサロンは「保谷駅」にありますので、「保谷」というキーワードが入ります。また、近隣の駅からも集客が見込める場合は、それらもピックアップしましょう。また、市区町村名でも集客を見込める場合は、「西東京市」などもキーワード候補として考えられます（キーワードの考え方はP142でも詳しく解説します）。

03 複合キーワード

軸のキーワード	複合の一般キーワード	地名・駅名
・ネイルサロン ・ネイル ・ジェルネイル ・フットネイル	・人気　　・初めて ・評判　　・当日予約 ・激安　　・結婚式 ・格安　　・成人式 ・安い　　・スカルプ（ネイル用語）	・保谷 ・大泉学園 ・ひばりヶ丘 ・西東京市

📎 キーワードのカバー

駅名に関しては「駅」を入れずに「保谷」で構いません。次セクションでキーワードのマッチタイプについて解説しますが、「保谷」で「保谷駅」というキーワードまでカバーできます。また「西東京市」に関しては、「西東京」というキーワードでもカバーできますが、「西東京」単体だと東京都の西部全体も指します。そのため、「ネイルサロン　西東京」という検索は「西東京市」とは意図が異なることから、キーワードを「西東京市」としています 04。

04 ネイルサロンキーワード例

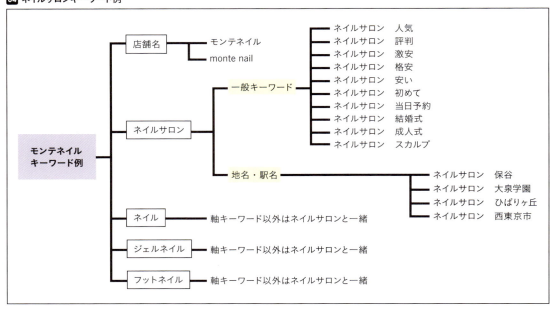

広告が出てほしくないキーワードを考える

検索連動型広告では「除外キーワード」を設定できます。除外キーワードを設定すると、不要だと考えられる検索語句に対する広告出稿を止めることが可能です。

ネイルサロンの新規顧客の獲得が目的となり、これからネイルを始める人や、ネイル用品を買いたい人は不要だと感じた場合は、05のようなキーワードを除外する必要があります。

たとえば、「ネイル　サンプル」や「ネイル　写真」などはどうでしょうか？　ユーザーの検索意図は「ネイルサロン」を探しているのではなく、「どのようなデザインがあるか」を探していると汲み取れます。ネイルに興味を持っているユーザーには違いないので、広告出稿をすべきだと考えれば除外する必要はありません。

迷った場合は、まずは広告を出稿してみて費用対効果を見ながら除外すべきか判断していきましょう。そのほか、ネイリストが検索するようなキーワードなど、広告主にとって不要だと考えられるキーワードをピックアップしておきましょう。

05 ネイルサロンでの除外キーワード例

同業の検索キーワード	そのほかの除外キーワード
・スクール ・学校 ・経営 ・独立 ・開業 ・集客 ・売上 ・利益率	・写真 ・サンプル ・アプリ ・シール ・セルフ ・自分で ・キット ・池袋（集客が難しいと感じる地名）

「ネイル　○○」で広告を出す場合は、狙っている検索意図とは違う検索で広告が出てしまう可能性があるので、除外するキーワードが多くなってきます。

おすすめのサジェストツール

「goodkeyword」（https://goodkeyword.net/）のサイトは、キーワードを入力することで、サジェストを表示してくれますので、掛け合わせキーワードの参考にしてください06。

06 goodkeyword

準備編

02 キーワードのマッチタイプを理解しよう

リスティング広告でキーワードを設定する際は、マッチタイプと呼ばれる機能を利用することで、出稿する際のキーワードの一致度も設定できます。マッチタイプには「部分一致」「フレーズ一致」「完全一致」の3種類があるので、それぞれの特徴を理解しておきましょう。

キーワードの一致度をマッチタイプで設定できる

検索連動型広告でキーワードを設定する際、マッチタイプを選べます。マッチタイプは「部分一致」「フレーズ一致」「完全一致」の3種類があります 01。さらに、部分一致の中には「絞り込み部分一致」というマッチタイプも存在し、それぞれにメリット・デメリットがあります。マッチタイプによる広告の出方の違いを理解し、適切なマッチタイプを設定する必要があります。

01 マッチタイプの種類

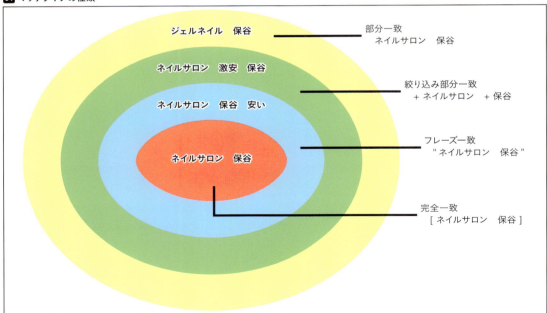

●キーワードの拡張機能とマッチタイプの関係

リスティング広告では、ユーザーが検索した際のキーワードを自動的に拡張してくれる機能があります。このキーワードの拡張機能には、「類似クエリへの拡張」と「キーワードの拡張」の2種類が存在します。

「類似クエリへの拡張」は、検索エンジンが「打ち間違いや表記違い」と判断した場合に拡張解釈してくれるものです。「キーワードの拡張」は検索エンジンが「入力されたキーワードと同様の意味を持つキーワード群」に拡張されます **02**。

この2つの拡張機能は、マッチタイプによって適用されるものが異なるので注意しましょう **03**。

02 キーワードの拡張の種類

	登録キーワード	広告が出る可能性のある検索語句
類似クエリへの拡張例 （打ち間違いや表記違い）	引越し	引越 引っ越し
	本	ほん ほn
キーワードの拡張 （同義語・類語）	ジェルネイル	マニュキュア ペディキュア
	脇汗	多汗症 ワキガ

03 マッチタイプと拡張機能の関係

	完全一致	フレーズ一致	絞り込み部分一致	部分一致
類似クエリへの拡張	○	○	○	○
キーワードの拡張	×	×	×	○

それぞれのマッチタイプを理解しよう

リスティング広告を出稿する上で、キーワードのマッチタイプの特性は、必ず理解しておく必要があります。それぞれにメリット・デメリットはありますので、それぞれのマッチタイプを有効に使っていきましょう。

ユーザーは私たちが考えている以上に、さまざまなキーワードで検索をします。完全一致やフレーズ一致だけで広告を出稿してしまうと、確実に機会損失が生まれてしまいますし、部分一致を使う場合は拡張することと前提に考えなくてはなりません。予期せぬキーワードで広告が出てしまい、無駄な広告費を使ってしまったということも珍しくありません。以降でそれぞれのマッチタイプを詳しく見ていきますので、特徴を踏まえて有効に活用しましょう。

「部分一致」とは

部分一致は、登録してあるキーワードを拡張して、関連性が高い検索語句でも広告を出稿してくれるマッチタイプです。04のように「ネイルサロン」で登録をしておけば、「ネイル」や「ネイルサロン」などの検索キーワードで広告を出稿する可能性が高いです。ただし、「爪」というキーワードでも広告が出てしまう可能性が高いため、注意が必要です。また、「ネイル 新宿」などでのキーワードでも広告が出る可能性が高いですが、より確実に出したい場合や、そのキーワードで入札調整がしたい場合は、それらのキーワードも設定しておく必要があります。部分一致では、広告運用者が気が付かなかったようなキーワードで広告を出稿してくれる場合もありますが、出稿したくないキーワードで広告が出てしまうこともあるため、注意が必要です。実際に広告が出たキーワードは、広告出稿後に確認できます。不要だと感じるキーワードで出稿されてしまった場合は、除外設定をしましょう。

04 部分一致

登録キーワード	広告が出る可能性のある検索語句例
ネイルサロン	ネイル ジェルネイル 爪 ネイル　新宿

登録キーワード	広告が出る可能性のある検索語句例
ネイル 新宿	ネイル ジェルネイル ネイル　新宿 ネイルサロン　人気

「絞り込み部分一致」とは

「絞り込み部分一致」は、設定したキーワードが入っている場合にのみ広告を出稿するマッチタイプです05。表記の仕方は、キーワードの前に半角の「+」を付けます。「＋ネイルサロン　＋新宿」という設定をした場合は、「ネイルサロン」と「新宿」が入った検索のみ広告が出稿されます。例外として、「ねいるさろん 新宿」などの表記の違いに関しては、広告を出稿してくれます。

絞り込み部分一致は非常に使いやすいマッチタイプです。ただし、設定したキーワードが含まれるもの以外は広告を出稿しなくなるので、効率がよい反面、運用者が気が付かないキーワードがあった場合は、そのことに気が付くことができず、機会損失が生まれてしまう場合があります。

05 絞り込み部分一致

登録キーワード	広告が出る可能性のある検索語句例	広告が出ない検索語句例
＋ネイルサロン ＋新宿	ネイルサロン　新宿 ネイルサロン　新宿　評判 ネイルサロン　人気　新宿 新宿　ネイルサロン	ネイル　新宿 ネイルサロン ネイルサロン　人気 激安　ネイルサロン

「フレーズ一致」とは

「フレーズ一致」は、絞り込み部分一致よりもさらに狭いマッチタイプです **06**。絞り込み部分一致のように設定したキーワードが含まれることに加え、その順番まで指定したものになります。表記の仕方は「"ネイルサロン　新宿"」です。フレーズ一致では前後の入れ替えや、間に別のキーワードが入ってしまった場合は広告が出稿されません。キーワードの順番に意味がある場合をのぞき、フレーズ一致は機会損失が生まれがちなので、絞り込み部分一致の方が扱いやすいマッチタイプです。

06 フレーズ一致

登録キーワード	広告が出る可能性のある 検索語句例	広告が出ない 検索語句例
"ネイルサロン 新宿"	ネイルサロン　新宿 ネイルサロン　新宿　評判 人気　ネイルサロン　新宿	ネイル　新宿 ネイルサロン ネイルサロン　人気　新宿 新宿　ネイルサロン

「完全一致」とは

完全一致は、設定したキーワードのみ広告が出稿されるマッチタイプです（表記違いは広告を出稿してくれます）**07**。たとえば、集客歴のあるキーワードのみで出稿すると、広告費が抑えられますが、完全一致のみだと機会損失が多く生まれてしまいます。

表記の仕方は「[ネイルサロン　新宿]」です。適切なマッチタイプを選び、キーワードを設定していきましょう。

確実に広告を出したいキーワードは完全一致で設定し、なるべく機会損失を生まないように絞り込み部分一致や部分一致も併用する、入札額を調整をしたいキーワードを分けて設定するといったポイントがあります。

07 完全一致

登録キーワード	広告が出る可能性のある 検索語句例	広告が出ない 検索語句例
[ネイルサロン]	ネイルサロン	ネイル ジェルネイル ネイルサロン　新宿 人気　ネイルサロン

03 広告文と広告グループの分け方を考えてみよう

準備編

リスティング広告における広告文は非常に重要です。広告文によってパフォーマンスは大きく変わりますし、広告の露出量も変わってきます。広告を考えるうえでの基礎を押さえておきましょう。また、このセクションでは広告グループについても触れます。

広告文を考えてみよう

ユーザーがキーワードを検索した際に、サイトのURLとあわせて広告文が表示されます **01 02**。広告文で大切なのは、クリックしてもらうために「ユーザーに魅力を感じさせる」こと、同時に「競合に比べられて負けない」ことです。

実は、広告文の作り方で、ユーザーへの伝わり方は大きく変わります。商品やサービスの魅力、競合に負けない強みをしっかり訴求するには、3C分析でポイントを明確にするのがおすすめです。この点については、CHAPTER7で詳しく解説します。

01 広告文のルール

タイトル1	：半角30文字（すべて全角の場合は15文字）
タイトル2	：半角30文字
説明文	：半角80文字
広告表示オプション	：サイトリンク・コールアウトなど

そのほか、広告で設定するもの
・表示 URL
・最終ページ URL
（広告をクリックして表示させるページの URL）

※広告表示オプション（P060）は必ず表示されるものではありません

02 実際のネイルサロンの広告文

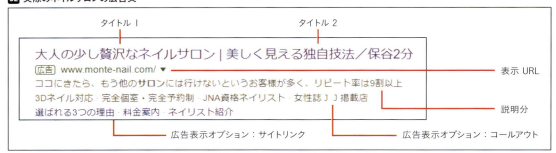

広告グループのグルーピングを考える

リスティング広告では、広告グループに「キーワード」と「広告」を設定します03。あるキーワードで検索された際、該当するキーワードをもつ広告グループに設定された広告が出稿されます。つまり、あるキーワードと別のキーワードで表示する広告を変えたい場合は、広告グループを分ける必要があります。広告を変える必要がなければ、広告グループに複数のキーワードを設定して、1つにまとめてもかまいません。

細かく広告グループを分ければ、キーワードに応じてきめ細やかに広告文をアレンジできます。

03 広告グループ

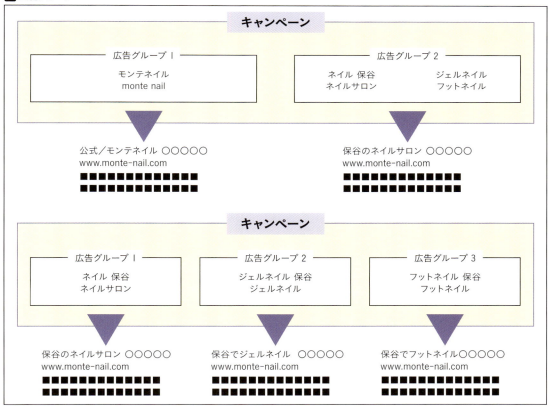

広告グループのグルーピングの基準は、キーワードに対して「広告を変えたいかどうか」です。たとえば、「価格訴求系の激安・格安・安いは1つの広告でグループにまとめておこう」というイメージです。広告グループを細分化するほど、キーワードに応じた精密な広告訴求が可能になりますが、管理に必要なリソースも増える点に注意しましょう。

また、広告グループに広告を設定する際、必ず複数の広告を設定します。複数の広告によるパフォーマンスの違いを見ながら、広告の最適化を進められます。

コンテンツ向け広告のバナーサイズについて

コンテンツ向け広告では、テキスト広告のほかにバナー（画像）で広告を出稿することができます。通常のバナー広告では表のようにサイズが多くあります。また、YDNのインフィードやレスポンシブ広告の場合は、バナーと広告文をあわせて広告配信するものもあります。バナーサイズの変更や追加は頻繁にあります。アナグラム株式会社の運営する「アナグラムのブログ」に投稿されている「[随時更新] Yahoo! ディスプレイアドネットワーク（YDN）/Google ディスプレイネットワーク（GDN）で使える最新バナーサイズ一覧」の記事にて、常に最新の情報を掲載してくれていますので、参考にするとよいでしょう **04** **05**。

04 YDN ／ GDNのバナーサイズ一覧

■YDN/GDNのバナーサイズ一覧

ANAGRAMS
2017年12月1日更新

サイズ [横×縦] [単位ピクセル]	YDN		GDN		容量上限	配信 ボリューム
	PC タブレット	スマホ	PC タブレット	スマホ		
300×250	●*	●*	★	★	150KB	
728×90	●		★		150KB	
160×600	●		★		150KB	
468×60	●		★		150KB	
320×50		★*		★	150KB	
320×100		●*		★	150KB	
250×250			★	★	150KB	
200×200			★	★	150KB	
336×280			★		150KB	
300×600			★		150KB	
300×50				★	150KB	
120×600			★		150KB	
240×400			★		150KB	
250×360			★		150KB	
580×400			★		150KB	
930×180			★		150KB	
970×90			★		150KB	
970×250			★		150KB	
980×120			★		150KB	
300×1050			★		150KB	
1200×628	●	●	●	●	150KB	
300×300	●	●	●	●	150KB	
180×180 ※ロゴ専用 [YDN-インフィード、GDNレスポンシブ]		※任意	● ※任意	● ※任意	150KB	-
512×128 ※ロゴ専用 [GDNレスポンシブ]			● ※任意	● ※任意	1MB	-

アナグラム株式会社 - アナグラムのブログ
[随時更新] Yahoo! ディスプレイアドネットワーク（YDN）/Google ディスプレイネットワーク（GDN）で使える最新バナーサイズ一覧
https://anagrams.jp/blog/banner-size-list-of-ydn-and-gdn/

05 YDN／GDNの入稿形式とサイズ

YDN	入稿可能形式はjpg(jpeg)、gif、png。 FLASHバナーやGIFアニメーションの入稿は不可。 例外的に320×50サイズのみGIFアニメーションが入稿可能。
	入稿可能なGIFアニメーションは広告掲載方式「ターゲティング」で「15秒以下（ループ禁止）」。
	レスポンシブ広告は掲載面に応じてトリミングされる場合があります。 画像作成前に、トリミング範囲を画像表示シミュレーターで確認することをおすすめします。
	*印のバナーは、2倍サイズでの入稿が可能（300×250→600×500、320×50→640×100、320×100→640×200)。 デバイスに合わせて伸縮する2倍サイズは、視認性を保ちつつ画像の表示領域を広げることができます。 2倍サイズを入稿した場合、従来のサイズ（300×250、320×50、320×100）は削除推奨。
GDN	入稿可能形式はjpg(jpeg)、gif、png。 「30秒以下（ループ含む）」「5fps（毎秒5フレーム）以下」のGIFアニメーションを入稿可能。
	レスポンシブ広告の「1200×628」は、掲載面に応じて画像の端が最大5%水平にトリミングされる場合があります。 また、画像内に占めるテキストの割合は、画像全体の20%以下にする必要があります。
	レスポンシブ広告の「1200×628」は、最小サイズ600×314以上、アスペクト比が横1.91：縦1、容量1MB以内なら可能。 「300×300」は、最小サイズ300×300以上（推奨サイズ1200×1200、アスペクト比が横1：縦1）、容量1MB以内なら可能。※2017年1月末から「1200×628」と「300×300」の両サイズの入稿が必須となっています。
	レスポンシブ広告のロゴ「180×180」は、最小サイズ128×128（推奨サイズ1200×1200）、アスペクト比が横1：縦1、容量1MB以内なら可能。
	レスポンシブ広告のロゴ「512×128」は、最小サイズ512×128（推奨サイズ1200×300）、アスペクト比が横4：縦1、容量1MB以内なら可能。

コンテンツ向け広告で出稿できるバナーのサイズは非常に多くあります。作成する際の優先度は、広告出稿が多く見込めるサイズですから、まずは配信ボリュームの多いバナーから配信していきましょう。また、バナーで複数の訴求パターンやデザイン違いでパフォーマンスを比較する際は、すべてのサイズを用意するのは非常に労力がかかるため、まずは配信ボリュームの多い300×250でパフォーマンスをテストし、よい結果が出た場合に別のサイズに展開していくようにしましょう。

レスポンシブ広告を活用しよう

さまざまな広告枠の大きさに自動的に調整をしてくれるAdWordsの「レスポンシブ広告」では、サイトURLからWebページの画像やストック画像を広告として使うことができます。バナー作成が難しい場合は、レスポンシブ広告を活用しましょう。

広告アカウントの構造を考えてみよう

　キャンペーン・広告グループ・キーワード・広告が決まれば、アカウントの設計図が書けるようになります。設定の作業をしながら、そのつど考えていると漏れが出てしまう可能性が高くなります。自分で分かるようなメモでも構いませんので、アカウントの設計図を用意しておきましょう。実際に広告設定をしていく際は、この設計図を見ながら進めればスムーズに設定できます06。

06 アカウントの設計図

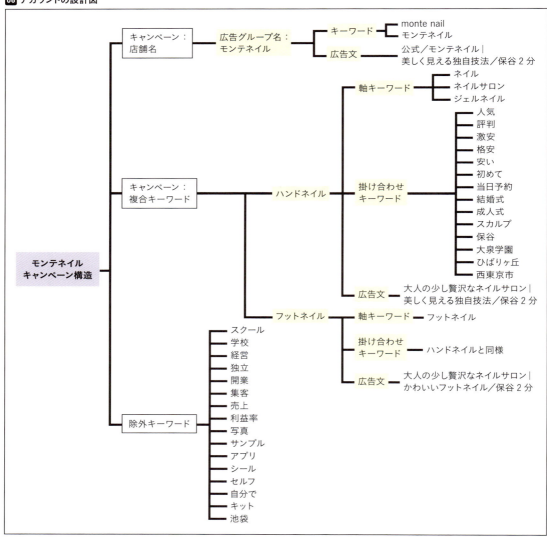

CHAPTER 3

Google AdWordsの設定をしよう

まず、Google AdWordsで検索連動型広告を出稿する操作の流れを見ていきます。Webページに埋め込むタグの発行手順や広告オプションについても紹介します。実際に設定するキーワードや広告文、入札単価の考え方についてはCHAPTER6以降で詳しく解説します。

01 設定編

Google AdWordsの
アカウントを取得しよう

広告を出す前にまず、Google AdWordsのアカウントを取得する必要があります。ここでは実際の画面を見ながらアカウントを取得するまでの流れを解説します。なお、本章の解説内容は2018年5月現在のもので、本書刊行後に操作や設定項目が変わる可能性がある点にはご注意ください。

Google AdWordsのアカウント取得方法

それでは、実際にGoogle AdWordsのアカウントを取得する流れを見ていきましょう。アカウントの取得は、Google AdWordsの公式サイトから行います。

1 Google AdWordsの公式サイト（https://www.google.co.jp/adwords/）にアクセスし「今すぐ開始」をクリックします。

2 メールアドレスとWebサイトのURLを入力して、

3 「続行」をクリックします。

4 名前やメールアドレス、パスワードなどの必要事項を入力して、

5 「次のステップ」をクリックします。

6 「プライバシーと利用規約」画面が表示されるので、内容を確認し、「同意します」をクリックします。

7 手順4で入力したメールアドレスに、Google AdWordsから「メールアドレスを認証してください」というメールが届くので、「メールアドレスを認証する」をクリックします。

8 「Google AdWords Express」画面が表示されるので、「AdWords ExpressをAdWordsと比較」をクリックします。

01 Google AdWordsのアカウントを取得しよう

049

9 AdWords ExpressとAdWordsを切り替える画面が表示されるので、「ADWORDSに切り替える」をクリックします。

10 「予算」「地域」「ネットワーク」「キーワード」「単価」「テキスト広告」を設定する画面が表示されます。ここで設定したものは、あとで削除をして再度設定していきますが、一度設定をしなければ先に進めないため、予算やキーワード、テキスト広告は、広告が配信されても構わないもので設定をします。

設定時は配信がオンになる
後ほど、この設定のキャンペーンは削除をしますが、設定時は配信が「オン」になっています。広告が配信されても問題ないもので設定しましょう。

11 「保存して次へ」をクリックします。

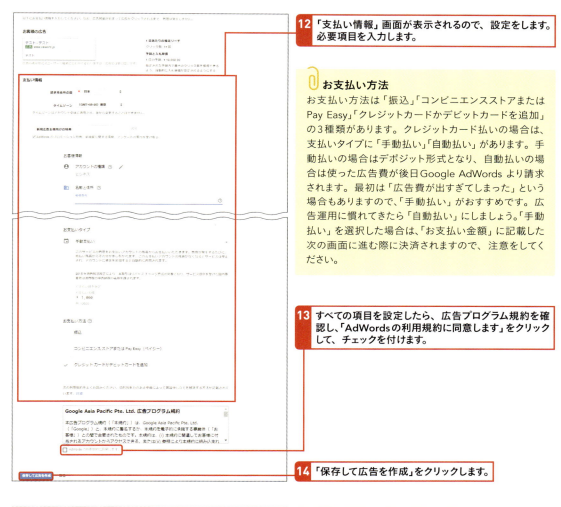

12 「支払い情報」画面が表示されるので、設定をします。必要項目を入力します。

📎 お支払い方法

お支払い方法は「振込」「コンビニエンスストアまたはPay Easy」「クレジットカードかデビットカードを追加」の3種類があります。クレジットカード払いの場合は、支払いタイプに「手動払い」「自動払い」があります。手動払いの場合はデポジット形式となり、自動払いの場合は使った広告費が後日Google AdWordsより請求されます。最初は「広告費が出すぎてしまった」という場合もありますので、「手動払い」がおすすめです。広告運用に慣れてきたら「自動払い」にしましょう。「手動払い」を選択した場合は、「お支払い金額」に記載した次の画面に進む際に決済されますので、注意をしてください。

13 すべての項目を設定したら、広告プログラム規約を確認し、「AdWordsの利用規約に同意します」をクリックして、チェックを付けます。

14 「保存して広告を作成」をクリックします。

15 Adwordsの管理画面が表示されるので、先ほど設定したキャンペーンを削除します。サイドメニューのキャンペーンをクリックし、

16 該当のキャンペーンをクリックして、チェックを入れます。

17 「編集」→「削除」の順にクリックして、キャンペーンを削除します。

02 タグを発行しよう

設定編

Google AdWordsのタグは、グローバルサイトタグとイベントスニペットの2種類があります。ここではこれらのタグの発行方法と注意点について、画面に沿って解説します。実際の設置作業については、Webページのソースコードを変更する必要があるため、制作会社等にタグのコードを渡して設置してもらうとよいでしょう。

タグを発行する

タグを実際に発行してみましょう。ここでは例として、コンバージョンタグを発行する流れを解説します。

1 AdWordsの管理画面の右上にある🔧をクリックします。

2 「測定」の項目にある、「コンバージョン」をクリックします。

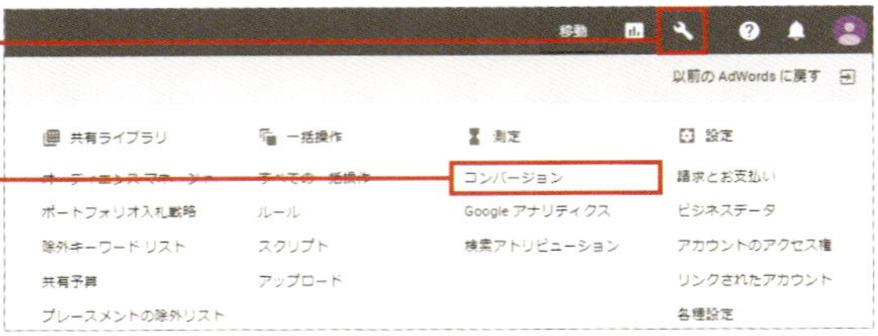

3 「+コンバージョン」をクリックします。

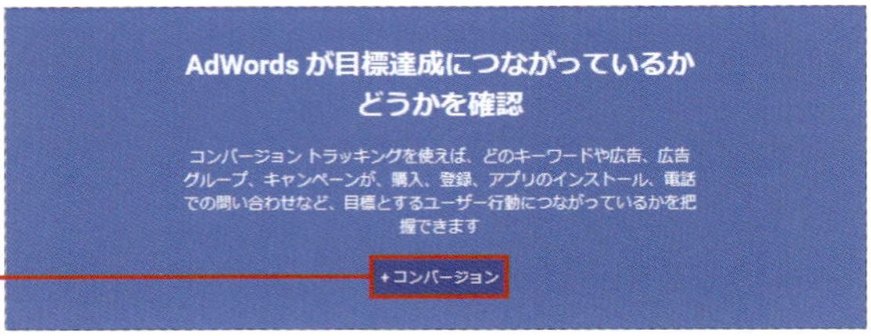

4 トラッキングするコンバージョンの種類を選択する画面が表示されるので、目的に応じた項目をクリックします。ここでは、サンクスページでコンバージョントラッキングをする場合について解説するので、「ウェブサイト」をクリックします。

CHAPTER 3　Google AdWordsの設定をしよう

052

5 コンバージョンの各設定を行います。「コンバージョン名」「カテゴリ」「値」を設定します。そのほかの設定に関しては、どのようにトラッキングをしたいかで設定が変わりますが、最初は変更しなくても問題ありません。

6 「作成して続行」をクリックします。

7 タグのインストール方法を選択します。ここでは、「自分でタグをインストールする」をクリックします。

8 タグは全ページに設置をする「グローバルサイトタグ」とサンクスページに設置する「イベントスニペット」がありますので、設定をします。設定したら、画面を下方向へスクロールして「次へ」をクリックすると、コンバージョン発行が完了します。

📎 グローバルサイトタグ

サンクスページに「イベントスニペット」を設置するだけでは、コンバージョンは計測できません。必ず「グローバルサイトタグ」も設置しましょう。グローバルサイトタグはサンクスページだけでなく、Webサイト内の全ページに設置します。
また、グローバルサイトタグは、Googleアナリティクスなどですでに利用している場合はタグが異なりますので、環境に合わせてラジオボタンを選択してください。

02 タグを発行しよう

03 広告の設定をしよう

設定編

Google AdWordsの広告設定について解説していきます。ここでは、ネイルサロンを例に、キャンペーン・広告グループ・広告文・キーワードの設定をしていきます。また、AdWordsの管理画面についても紹介しますので、画面の違いについても見ていきましょう。

キャンペーンを作成する

それでは実際に広告の設定をしていきます。まずはキャンペーンを作成しましょう。

1 AdWordsの管理画面のサイドメニューの「キャンペーン」をクリックします。

2 ●→「+新しいキャンペーンを作成」の順にクリックします。

3 キャンペーンタイプを選択します。ここでは、「検索ネットワーク」をクリックします。

4 達成したい目標で「販売」を選択して、

5 目標を達成するための手段で「ウェブサイトへのアクセスを増やす」を選択し、広告を出稿するサイトのURLを入力します。

6 「続行」をクリックします。

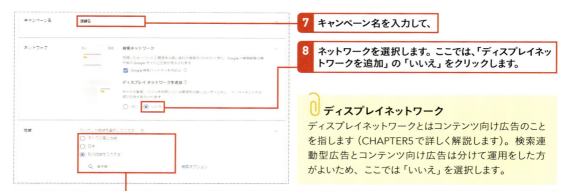

7 キャンペーン名を入力して、

8 ネットワークを選択します。ここでは、「ディスプレイネットワークを追加」の「いいえ」をクリックします。

📎 ディスプレイネットワーク
ディスプレイネットワークとはコンテンツ向け広告のことを指します（CHAPTER5で詳しく解説します）。検索連動型広告とコンテンツ向け広告は分けて運用をした方がよいため、ここでは「いいえ」を選択します。

9 地域を入力します。地域に関しては、配信エリアが日本全国ではない場合、「別の地域を入力する」から配信する地域名を入力します。画面をスクロールして、言語・予算も入力しましょう。

10 「入札戦略を直接選ぶ」をクリックします。「入札戦略を選択してください」という項目で「個別のクリック単価」を選択します。そのほか、広告表示オプションや広告のスケジュールなどが設定できますが、ここでは設定せずに「保存して次へ」をクリックします。

📎 手動入札戦略と自動入札戦略
10の設定は手動でクリック単価を入札する設定になります。この設定を選ぶことで、キーワードごとに入札調整ができるようになります。また、自動入札戦略（目標コンバージョン単価など）を選ぶと、AdWordsが自動入札をしてくれるようになります。自動入札についてはP164で解説します。

💡 配信エリアの指定
AdWordsでは、手順 **9** で配信エリアを設定する際に、指定したエリアからの範囲を指定することができます。例で行っているネイルサロンは地域密着業となるため、右図では保谷駅から半径5kmの設定をしています。

広告グループ・キーワードを登録する

キャンペーンの設定が終わると、「広告グループ」「デフォルト単価」「キーワード」の設定画面が表示されるので、設定していきましょう。

1 広告グループ名を入力します。

2 デフォルト単価を設定します。

> **デフォルト単価**
> デフォルトの単価とは、キーワードで入札単価の設定をしなかった場合に自動で設定される入札単価のことです。

3 キーワードを入力します。

> **キーワードのマッチタイプ**
> キーワードのマッチタイプは、キーワードをそのまま書くと部分一致、"キーワード"と"〜"で囲むとフレーズ一致、[キーワード]と[〜]で囲むと完全一致になります。右図では「monte nail」と「モンテネイル」の完全一致・フレーズ一致を設定しています。マッチタイプについてはP038をご覧ください。

4 「保存して次へ」をクリックします。

> **管理画面から作成する**
> 管理画面から新たに広告グループを作成する場合は、サイドメニューから「キャンペーン」「広告グループ」を選択して ➕ をクリックします。
> キャンペーン・広告グループ・キーワード・広告を作成する場合はすべて同様に、サイドメニューから該当のものを選択して ➕ ボタンをクリックすることで作成可能です。
>
>

広告文を設定する

　キャンペーン設定から広告グループを作成した場合は、自動で広告作成画面に切り替わります。新たに追加する場合は、該当するキャンペーンのキーワードページを表示させて、⊕をクリックします。入力が最低限必要なものは「最終ページURL（広告をクリックした際に表示されるページ）」、「広告見出し1」「広告見出し2」「説明」になります。

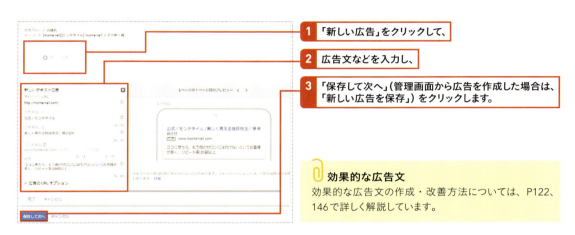

1. 「新しい広告」をクリックして、
2. 広告文などを入力し、
3. 「保存して次へ」（管理画面から広告を作成した場合は、「新しい広告を保存」）をクリックします。

> **効果的な広告文**
> 効果的な広告文の作成・改善方法については、P122、146で詳しく解説しています。

管理画面を確認する

　AdWordsの管理画面はサイドメニューが2つあり、選択するものによって③のグローバルメニューが表示されます。

　キャンペーン及び広告グループは①で選択します。該当のキャンペーン・広告グループでのメニューを②で表示できます。さらに②で選択したメニューで詳細のメニューがある場合は③が表示されます。

　構造についてはまず慣れることが大切です。自分でさまざまなメニューを確認してみてください。

キーワードを追加する

1 サイドメニューのキャンペーン名をクリックして、キーワードを追加する広告グループをクリックします。

2 「キーワード」をクリックします。

3 グローバルメニューが「検索キーワード」になっていることを確認し、●をクリックすると、キーワード入力画面が表示されます。

除外キーワードを追加する

上の項目で、キーワード入力画面へ移動したら、実際にキーワードを入力しましょう。ここでは例として、除外キーワードを追加します。

1 上の項目の手順❸の画面で「除外キーワード」をクリックして、●をクリックします。

2 追加先を選択して、除外キーワードを入力し、リストを設定します。

📎 除外キーワードの設定

除外キーワードの設定はキャンペーン・広告グループ単位で設定が可能です。ほとんどの場合は、キャンペーンでの設定で問題ありません。除外キーワードにもマッチタイプが存在しますが、部分一致は通常のキーワード設定のマッチタイプとは異なります。除外キーワードの場合は拡張が行われないので、「除外キーワードが拡張されて出したいキーワードでも広告が出なくなる」ということはありません。また、設定する除外キーワードはリストとして登録できますので、リストを作っておけば、ほかのキャンペーンでも除外キーワードの設定が手軽に流用できます。

3 「保存」をクリックします。

AdWordsの管理画面について

　ここまで説明してきたAdWordsの管理画面は、2018年5月現在、β版の管理画面となります❶。新規でアカウントを開設した場合、このβ版の管理画面から始まりますが、従来の管理画面への切り換えも可能です❷。右上の🔧から「以前のAdWordsに戻す」をクリックすることで、従来の管理画面を表示できます。現状はどちらの管理画面でも運用は可能です。

❶ β版の管理画面

❷ 以前の管理画面

　β版の管理画面と、以前のものではいくつか違いがあります。広告出稿のしくみは同じですが、概要ページがあったり、使える広告メニューとタグ関連・レポート機能などに違いがあります❸。

　β版の管理画面では、ユーザー属性で「世帯収入」が選択できたりもしますが、最も重要な違いは、よく利用される「広告表示オプション」（次節で解説します）の機能のうち、「プロモーション表示オプション」がβ版の管理画面からしか設定できない点です❹。

　また、以前の管理画面ではグローバルサイトタグは存在せず、リマーケティングを行うにはリマーケティングタグを発行して、全ページに設置をする必要があります❺。

　リマーケティングタグは、サイドメニューの「共有ライブラリ」にある「ユーザーリスト」のページから発行できます。AdWordsの運用経験のある方には従来の管理画面を利用している方もいるでしょうが、β版の管理画面からしか使用できない機能もあるため、β版に移行することをおすすめします。

❸ β版のダッシュボード

❹ 広告表示オプション・プロモーション表示オプション

❺ 以前のAdWordsでのリマーケティング

04 広告表示オプションを設定しよう

設定編

広告設定の1つに「広告表示オプション」という機能があります。広告表示オプションは任意の設定であるため、設定しなくても広告は出稿できますが、設定することで品質スコア・クリック率の向上が見込めます。

広告表示オプションとは

「広告表示オプション」は任意の設定になるため、設定しなくても広告は出稿できます。ただし、品質スコア・クリック率向上が見込めるため、必ず設定をしておくべき広告メニューです。**01**はiPhoneでGoogle検索を行った際の広告表示例です（広告の内容はサンプルです）。通常の広告とは別に、3つの広告表示オプションが表示されており、検索結果で表示された多くの面を1社の広告が占めています。このように広告表示オプションを活用することで、より多くの訴求が可能になりますし、広告面も拡大できますので、積極的に設定していきましょう。広告表示オプションは種類が多いため、ここでは主に設定すべき広告表示オプションを説明していきます。

01 iPhoneのGoogle検索結果画面

- 構造化スニペット表示オプション
- サイトリンク表示オプション
- 価格表示オプション

> 📎 **広告表示オプションが表示されない？**
> 広告表示オプションは、表示することで掲載結果の向上が見込まれる場合や、広告の掲載位置と広告ランクが十分に上位である場合に表示がされますので、設定をすれば必ず表示されるものではありません。

広告表示オプションの設定方法

　AdWordsの管理画面のサイドメニューから、「広告と広告表示オプション」を選択し、グローバルメニューから「広告表示オプション」を選択します。　をクリックすると右画像のページが表示されます**02**。ここから設定したい広告表示オプションを選択します。以降でよく使う広告表示オプションを紹介していきますので、参考にしましょう。

02 広告表示オプションの設定画面

広告表示オプションの種類

○サイトリンク表示オプション

　テキストの表示と、広告とは違うリンク先の設定が可能です**03**。たとえば、ネイルサロンであれば「ハンドネイル」や「フットネイル」「スクール希望の方」などを、通常の広告に加えて出稿することができます。

03 サイトリンク表示オプション

○コールアウト表示オプション

　送料無料や24時間カスタマーサービスなど、ほかとは異なるサービスをユーザーにアピールすることができます**04**。

04 コールアウト表示オプション

○構造化スニペット表示オプション

　商品やサービスの特長をアピールできます**05**。「サービス」「ブランド」「コース」など、特定のヘッダーを選択して、任意のテキストを設定できます。

05 構造化スニペット表示オプション

○電話番号表示オプション

広告に電話番号を追加できます**06**。ユーザーが通話ボタンをタップして、サイトに訪問せずに直接電話をかけることができます。

06 電話番号表示オプション

○プロモーション表示オプション

特別セールやスペシャル オファーの情報を掲載することができます**07**。配信スケジュールなども柔軟に設定できます。β版の管理画面でのみ設定が可能です。

07 プロモーション表示オプション

○価格表示オプション

広いスペースを使って、さまざまな商品やサービスを価格とあわせて紹介し、ユーザーを商品やサービスのページに直接誘導することができます**08**。

08 価格表示オプション

> 💡 **設定できる広告表示オプションは積極的に設定しよう**
>
> AdWordsの広告表示オプションは、上記以外にも「メッセージ表示オプション」「住所表示オプション」「アフィリエイト住所表示オプション」「アプリリンク表示オプション」と、多くの種類があります。自社のビジネスに合わせて、設定できる表示オプションは積極的に設定していきましょう。

CHAPTER 4

Yahoo!プロモーション広告の設定をしよう

次に、Yahoo!プロモーション広告で検索連動型広告を出稿する操作の流れを見ていきます。Webページに埋め込むタグの発行手順や広告オプションについても紹介します。実際に設定するキーワードや広告文、入札単価の考え方についてはCHAPTER6以降で詳しく解説します。

01 Yahoo!プロモーション広告のアカウントを取得しよう

設定編

Yahoo!プロモーション広告ではまず、Yahoo! JapanビジネスIDを取得する必要があります。ここではビジネスIDを取得し、ログインして管理画面を確認するまでの流れを解説します。なお、本章の解説内容は2018年5月現在のもので、本書刊行後に操作や設定項目が変わる可能性がある点にはご注意ください。

Yahoo!プロモーション広告のアカウント取得方法

それでは、実際にYahoo!プロモーション広告のアカウントを取得する流れを見ていきましょう。アカウントの取得は、Yahoo!プロモーション広告の公式サイトから行います。

1 Yahoo!プロモーション広告の公式サイト（https://promotionalads.yahoo.co.jp/）にアクセスし「広告を出したい方はこちらから」をクリックします。

2 「事業形態」や「メールアドレス」などの必要事項を入力して、

3 「入力内容の確認」をクリックし、次の画面で内容を確認して「確認コードを送信する」をクリックします。

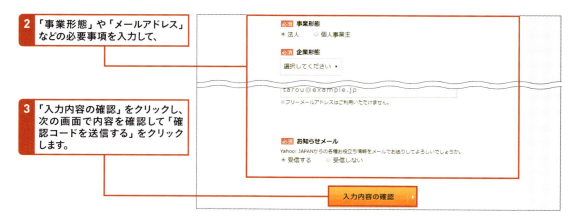

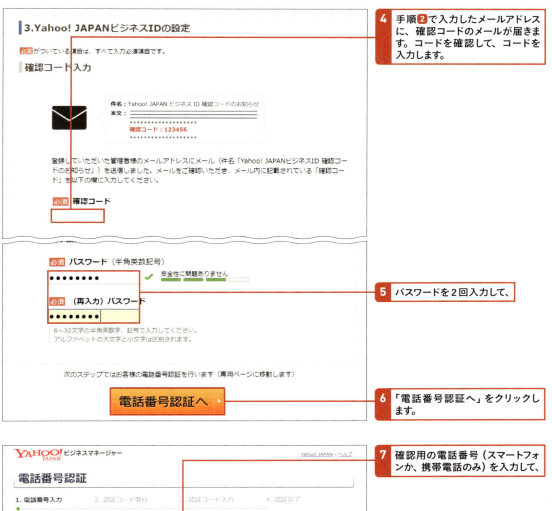

9 手順**7**で入力した電話番号にSMSで認証コードが届きます。確認して、認証コードを入力します。

10「認証」をクリックすると、アカウント開設が完了します。

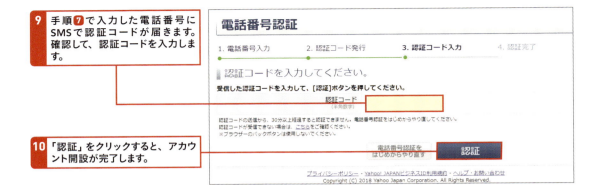

管理画面にログインする

1 アカウント開設完了の画面で「運用ツール選択画面へ（ログイン）」をクリックします。次の画面で、設定したパスワードを入力して、「運用ツール選択画面へ」をクリックします。

2 ログインをすると2つのメニューが表示されます。ここでは「自分で設定／運用したい方」の「広告管理ツールを利用する」をクリックします。

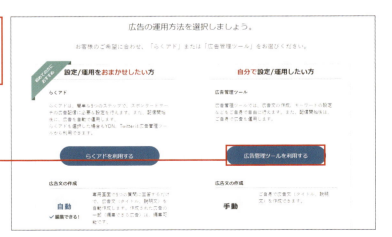

3 サービスを選択する画面が表示されます。ここでは「スポンサードサーチ」の「スポンサードサーチを始める」をクリックします。

Yahoo!プロモーション広告の管理画面について

　AdWordsでは、検索連動型広告とコンテンツ向け広告の管理は同一のアカウントとなります。しかし、Yahoo!プロモーション広告では、スポンサードサーチとYDNは同一のビジネスIDで管理できますが、広告アカウントは異なります。管理画面の階層は、グローバルメニュー1＞グローバルメニュー2＞サイドメニュー＞広告メニューとなります。管理画面はわかりやすい構成となっていますので、まずはご自身で触ってみることをおすすめします。

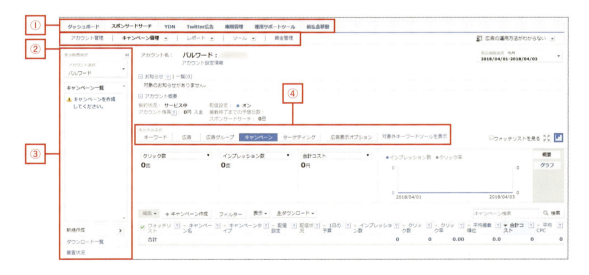

①	グローバルメニュー1	主にスポンサードサーチとYDNの切り換え、その他ビジネスIDアカウント全体のメニュー
②	グローバルメニュー2	グローバルメニュー1で選択した項目のメインメニュー
③	サイドメニュー	主にキャンペーンの切り換えや、審査状況の確認などで使用
④	広告メニュー	主にアカウント内のデータを確認する際に、どの項目（キャンペーン・広告グループ）で表示させるか選択する

02 タグを発行しよう

設定編

Yahoo!プロモーション広告のタグを発行しましょう。発行後にWebページの必要な箇所に貼り付ける必要があります。スポンサードサーチとYDNで分かれているため、コンバージョンタグ・リターゲティングタグは2種類ずつあります。また、YDNではスマートフォンの電話タップでコンバージョンを測定することはできません。

タグを発行する

タグを実際に発行してみましょう。ここでは例として、コンバージョンタグを発行する流れを解説します。

1 Yahoo!プロモーション広告の管理画面の「スポンサードサーチ」をクリックして、

2 「ツール」をクリックします。

3 「コンバージョン測定」→「コンバージョン設定」の順にクリックします。

4 「コンバージョン測定の新規設定」をクリックします。

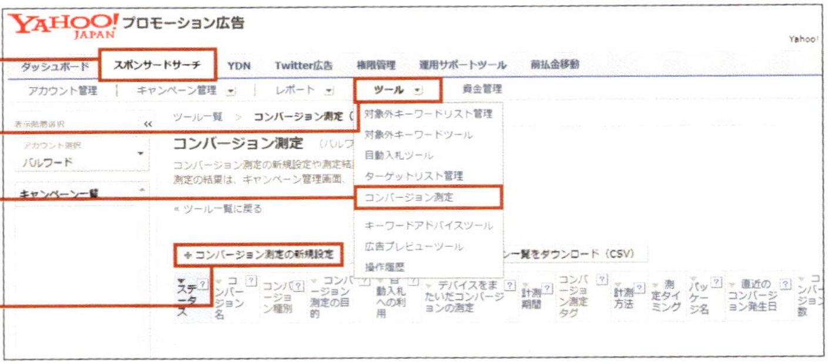

5 コンバージョンの概要と設定情報を入力して、

📎 コンバージョンの概要と設定情報

コンバージョン名はわかりやすいものを設定しましょう。コンバージョン種別は、サンクスページに設置をする場合は「ウェブページ」、電話をかけるボタンのタップで測定をする場合は「電話発信」を選択しましょう。コンバージョン測定の目的や、ほかの設定項目はそのままでも構いません。1件当たりの売上が決まっている場合は、「1コンバージョン当たりの価値」があるのでそこに入力をしましょう。

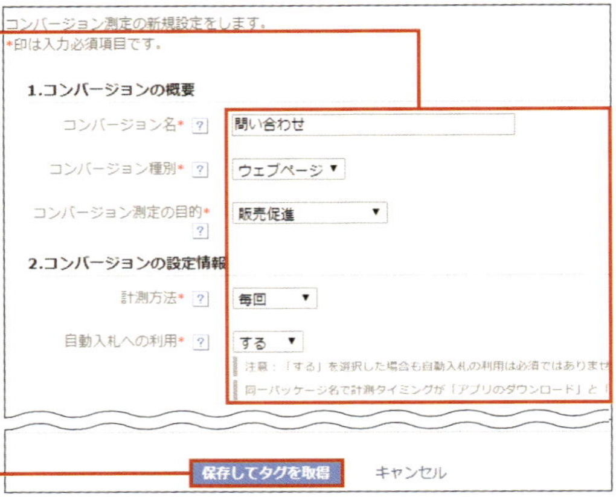

6 「保存してタグを取得」をクリックします。

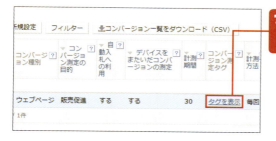

7 コンバージョン測定ページに戻ると、設定したタグが表示されます。設定直後は「タグ取得中」となっていますが、数分で「タグを表示」に切り替わるのでクリックします。

8 コンバージョンを測定したいページ（サンクスページなど）の`<body>`タグから`</body>`タグの間に挿入すると、コンバージョンタグの設定は完了です。

YDNのコンバージョンタグ

YDNのコンバージョンタグの発行も、同様の手順で進めていけばタグ発行ができます。スポンサードと違う点としては、YDNでは「電話発信」のタグがありません。もしYDNで「電話発信」の測定をしたい場合は、タグマネージャーを使う必要があります。

リターゲティングタグについて

一度サイトに訪れたユーザーに対して広告配信ができるリターゲティングを配信するためには、ターゲットリストを集めるタグの設置が必要になります。こちらは、スポンサードサーチ・YDNともありますので、利用する場合はそれぞれでタグを設置しましょう。ここではYDNでの設定方法を紹介します。

1 管理画面で「YDN」をクリックして、

2 「ツール」をクリックし、

3 「ターゲットリスト管理」をクリックします。

4 「タグ表示」をクリックすると、タグが表示されます。このタグを基本的にすべてのWebページに貼り付けます。

03 広告の設定をしよう

設定編

ここではスポンサードサーチでの広告の設定方法を紹介します。AdWordsと同様にネイルサロンを例に、キャンペーン・広告グループ・広告文・キーワードの設定を見ていきましょう。あわせてGoogleアナリティクスで解析するためのURLパラメーターの設定方法についても紹介します。

キャンペーンを作成する

それでは実際に広告の設定をしていきます。まずはキャンペーンを作成していきましょう。

1 スポンサードサーチ管理画面の「キャンペーン作成」をクリックします。

2 キャンペーン情報や予算（日額）などを入力します。

📎 日額の広告費設定

日額の広告費設定が低いと広告が停止してしまい機会損失が生まれてしまいます。広告運用に慣れてきたら、可能な限りクリック単価で広告費を調整しながら、広告費が高騰しすぎないようにキャンペーンの日額予算を設定してください。デバイス入札単価率では、パソコン・スマートフォン・タブレットでの入札比率の調整が可能で、各デバイスで強弱を付けることができます。たとえばキーワードに100円と設定していた場合、このキャンペーン設定でのスマートフォンの入札価格調整率を引き上げ率30％に設定すると、スマートフォンは130円の入札単価で設定されます。なお、引き下げ率100％に設定すると出稿されなくなります。そのほか、地域・時間帯などの設定が必要であれば設定していきます。また、除外キーワードもキャンペーン設定から行えます。

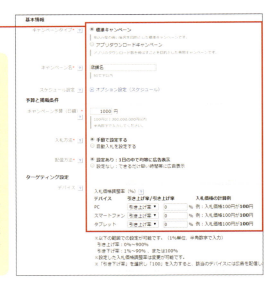

広告グループを作成する

キャンペーンの設定が完了したら、サイドメニューから「広告グループ」の作成を行いましょう。

1. サイドメニューから、広告グループを設定したいキャンペーン名をクリックします。
2. 広告メニューが「広告グループ」になっていることを確認して、「広告グループ作成」をクリックします。
3. 広告グループ名と入札価格を入力します。
4. 「保存してキーワード作成へ」をクリックすると、続けてキーワードの設定ができます。

そのほかの設定

手順3で入力した以外の箇所は、ひとまずは設定しなくても問題ありません。運用に慣れてきて、最初の段階から設定しておきたい項目があれば、ここで個別に設定しましょう。

キーワードを登録する

広告グループの設定が完了すると、キーワードの設定ができるようになるので、設定していきましょう。

1 サイドメニューから、キャンペーン名の横にある⊞をクリックすると、登録されている広告グループが表示されます。

2 キーワードを設定する広告グループをクリックします。

3 広告メニューが「キーワード」であることを確認して、「キーワード作成」をクリックします。

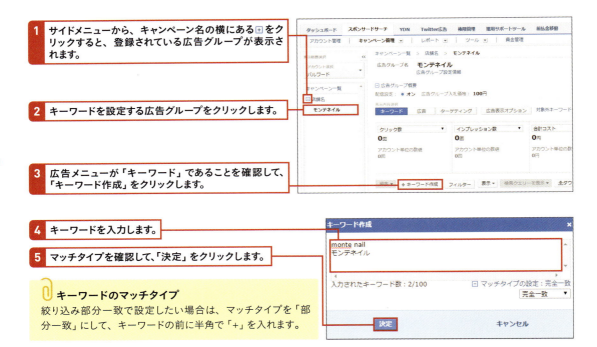

4 キーワードを入力します。

5 マッチタイプを確認して、「決定」をクリックします。

📎 キーワードのマッチタイプ
絞り込み部分一致で設定したい場合は、マッチタイプを「部分一致」にして、キーワードの前に半角で「+」を入れます。

💡 キーワードの入札単価
キーワードの入札単価は、デフォルトでは広告グループに設定した単価が設定されています。キーワードごとに入札単価を変える場合は、入札単価の数字をクリックして単価を入力してください（広告グループとキーワードの両者で入札単価が設定されている場合は、キーワードで設定した入札単価が適用されます）。

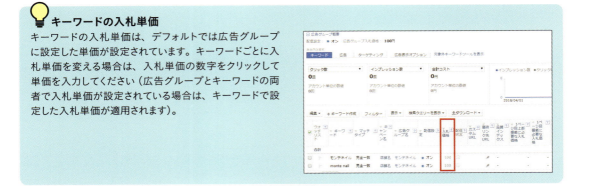

広告文を設定する

次に広告グループに登録したキーワードとセットになる広告文を設定していきます。

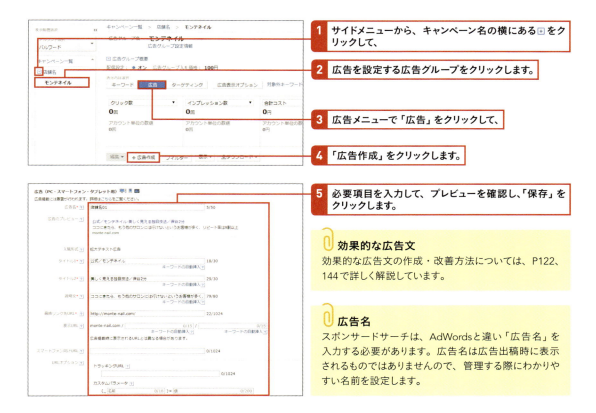

1. サイドメニューから、キャンペーン名の横にある⊞をクリックして、
2. 広告を設定する広告グループをクリックします。
3. 広告メニューで「広告」をクリックして、
4. 「広告作成」をクリックします。
5. 必要項目を入力して、プレビューを確認し、「保存」をクリックします。

効果的な広告文
効果的な広告文の作成・改善方法については、P122、144で詳しく解説しています。

広告名
スポンサードサーチは、AdWordsと違い「広告名」を入力する必要があります。広告名は広告出稿時に表示されるものではありませんので、管理する際にわかりやすい名前を設定します。

除外キーワードを設定する

Yahoo!プロモーション広告での除外キーワード設定の方法は、AdWordsと違います。管理画面のグローバルメニューから設定しましょう。

1. 管理画面のグローバルメニューにある「ツール」をクリックします。
2. 「対象外キーワードツール」をクリックして、
3. 「対象外キーワードを追加」をクリックします。

4 対象外キーワードを登録するキャンペーンを選択します。

📎 **対象外キーワードを登録する**
対象外キーワードはキャンペーンごと・広告グループごとの、どちらかを選択することができます。キャンペーン単位で除外をする場合は、広告グループは選択する必要はありません。

5 除外したいキーワードを入力して、

6 マッチタイプを設定し、「追加」をクリックします。

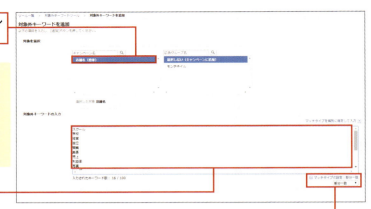

パラメータを設定する

解析ツールにGoogleアナリティクスを利用する場合、そのままではGoogleアナリティクス上での参照元が「yahoo / organic」で集計されてしまうため、広告からの流入と自然検索での流入を区別して分析することができません。これを避けるために、URLにパラメータを設定しておきます。ここでは、アカウント単位でパラメータを設定する方法を紹介します。

1 スポンサードサーチ管理画面で、「アカウント設定情報」→「アカウント設定情報を変更」の順にクリックします。

2 「その他の情報」にある「URLオプション」の「オプション設定（URLオプション）」をクリックします。

3 トラッキングURLにパラメータを入力します。参照元を分けるだけであれば、「{lpurl}?utm_source=yahoo&utm_medium=cpc&utm_content=camp」のように入力するだけでも構いません。

COLUMN

Googleアナリティクス キャンペーンURL生成ツール

パラメータの設定ですが、アカウントではなく、キャンペーン単位・広告単位での設定も可能です。設定をしなくても広告配信は可能ですが、設定することを推奨します。「Google アナリティクス キャンペーン URL 生成ツール」というパラメータが付与されたURLを生成してくれるツールもありますので、活用してください **01**。**02**は実際に入力した画面、**03**はアナリティクス上の集計画面です。

01 Google アナリティクス キャンペーン URL 生成ツール

https://ga-dev-tools.appspot.com/campaign-url-builder/

02 実際に入力した例

03 アナリティクス上の画面

参照元/メディア	集客			行動			コンバージョン 目標1：購入完了 ▼		
	セッション ↓	新規セッション率	新規ユーザー	直帰率	ページ/セッション	平均セッション時間	購入完了（目標1のコンバージョン率）	購入完了（目標1の完了数）	購入完了（目標1の値）
	7,360 全体に対する割合 100.00% (7,360)	78.94% ビューの平均 78.79% (0.19%)	5,810 全体に対する割合 100.19% (5,799)	82.58% ビューの平均 82.58% (0.00%)	1.87 ビューの平均 1.87 (0.00%)	00:01:28 ビューの平均 00:01:28 (0.00%)	3.37% ビューの平均 3.37% (0.00%)	248 全体に対する割合 100.00% (248)	$0.00 全体に対する割合 0.00% ($0.00)
1 google / cpc	5,017 (68.17%)	80.69%	4,048 (69.67%)	87.06%	1.55	00:01:07	2.11%	106 (42.74%)	$0.00 (0.00%)
2 (direct) / (none)	1,600 (21.74%)	85.81%	1,373 (23.63%)	75.88%	2.26	00:01:57	5.75%	92 (37.10%)	$0.00 (0.00%)
3 yahoo / cpc	168 (2.28%)	62.50%	105 (1.81%)	73.81%	2.82	00:02:10	7.74%	13 (5.24%)	$0.00 (0.00%)
4 google / organic	152 (2.07%)	38.82%	59 (1.02%)	55.92%	3.61	00:03:21	6.58%	10 (4.03%)	$0.00 (0.00%)
5									
6									
7 yahoo / organic	54 (0.73%)	35.19%	19 (0.33%)	37.04%	5.72	00:04:10	12.96%	7 (2.82%)	$0.00 (0.00%)

04 広告表示オプションを設定しよう

設定編

スポンサードサーチにもAdWords同様に広告表示オプションがあります。AdWordsと大きく違う点としては、広告表示オプションの種類は4種類しかありません。設定できるものは積極的に設定しましょう。

広告表示オプションについて

「広告表示オプション」を設定をしておくと、スポンサードサーチの広告出稿の際に表示される可能性があります。スポンサードサーチの広告表示オプションは任意のテキストを表示できる「テキスト補足オプション」、リンク付きのテキストを表示できる「クイックリンクオプション」、電話番号や電話ボタンを表示できる「電話番号オプション」、商品やサービスの特性に合わせた補足カテゴリーを選択しカテゴリーに沿った内容の語句を表示できる「カテゴリ補足オプション」の4種類があります 01 02 03 。

01 テキスト補足オプションとクイックリンクオプションの位置

03 カテゴリ補足オプションの位置

02 電話番号オプションの位置

広告表示オプションを設定する

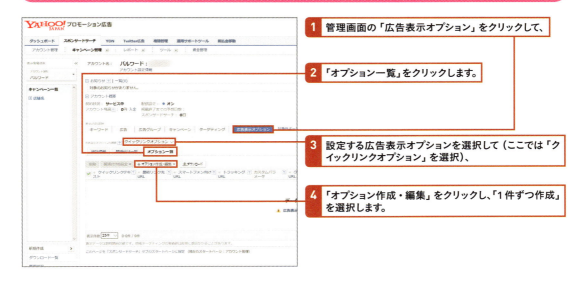

1 管理画面の「広告表示オプション」をクリックして、

2 「オプション一覧」をクリックします。

3 設定する広告表示オプションを選択して（ここでは「クイックリンクオプション」を選択）、

4 「オプション作成・編集」をクリックし、「1件ずつ作成」を選択します。

5 「クイックリンクオプション基本情報」画面が表示されます。各項目を入力します。

クイックリンクオプションの設定

クイックリンクオプションの設定は、デバイス・時間の指定をすることもできます。設定が終わったら「作成」をクリックします。ほかのオプションも作成方法は同様です。クイックリンクオプション・テキスト補足オプションは一度に複数表示されますので、4つ以上を設定することを推奨します。

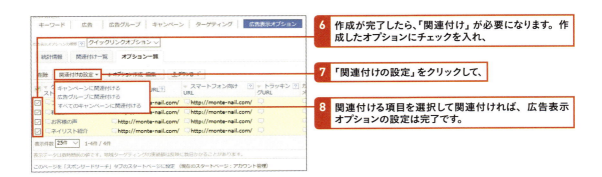

6 作成が完了したら、「関連付け」が必要になります。作成したオプションにチェックを入れ、

7 「関連付けの設定」をクリックして、

8 関連付ける項目を選択して関連付ければ、広告表示オプションの設定は完了です。

05 支払い設定をしよう

設定編

Yahoo!プロモーション広告の広告費はデポジット形式となります。広告出稿前に広告費を入金する必要があります。支払い方法はクレジットカード払いと銀行振込みの2種類です。広告費の入金は、慣れるまでは手動払いをおすすめします。

支払いの設定方法

1 スポンサードサーチ管理画面の「資金管理」をクリックします。

2 クレジットカード支払いの場合は、「カード情報を登録（Yahoo!ビジネスマネージャー）」をクリックします。

📎 **銀行振込みの場合**
銀行振込みの場合は、「銀行振込みによる支払い」の「作成」をクリックすると振込先が表示されます。

3 クレジットカード情報を入力して、

4 「登録」をクリックします。

 広告費の入金は慣れるまで手動払いで
　Yahoo!プロモーション広告の広告費は、デポジット（先払い）となります。カード払いの場合は手動か自動化が選択できますが、慣れるまでは手動払いを選択しましょう。
手動払いであれば、入金している以上の広告費を使うことはありません。

CHAPTER 5

コンテンツ向け広告の設定をしよう

次にコンテンツ向け広告について見ていきます。リスティング広告は検索連動型広告だけではありません。コンテンツ向け広告のターゲティングの特徴をしっかり理解して、適材適所で使い分けられるようになりましょう。

01 コンテンツ向けの広告のターゲティング

基本編

コンテンツ向け広告においてターゲティングの理解は非常に重要になります。どのようなターゲティングができるのかを理解して、配信する広告に適したターゲティングができるようになりましょう。

コンテンツ向け広告でのターゲティングについて

コンテンツ向け広告（以下AdWordsのコンテンツ向け広告はGDN、Yahoo!はYDNで記します）では、さまざまなターゲティングが可能です。コンテンツ向け広告で成果を出すには、しっかりとターゲティングの特性を理解しておく必要があります **01**。人のターゲティングに関しては、大きく「デモグラフィック」「行動」「興味関心」の3種類があります。それぞれのターゲティングは組み合わせて利用できます。見込み客に広告が出稿できるよう、ターゲティングの理解を深め、ユーザー層を明確化しておきましょう。

01 ターゲティングの特性

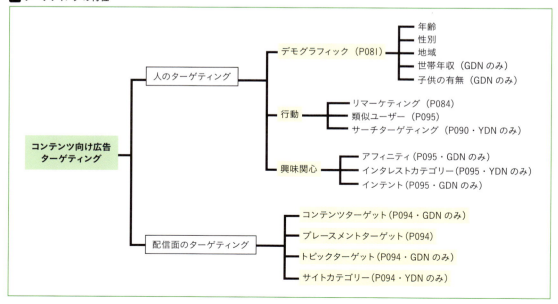

まずはリマーケティングからはじめよう

　コンテンツ向け広告は、配信面が多いため新規顧客獲得の機会も増えますが、P022でも触れたように検索連動型広告に比べて扱いが難しい配信方法になります。検索連動型中心に広告出稿をしている場合は、リマーケティングからはじめてみましょう。業種・ビジネスモデルにもよりますが、コンテンツ向け広告は費用対効果が合わないというケースがよく見受けられます。検索連動型広告と合わせ、コンテンツ向け広告はリマーケティングのみを使っている企業も多くあります。まずは、リマーケティングから広告を出稿してみて、コンテンツ向け広告に慣れていきましょう。

デモグラフィックでのターゲティング

　デモグラフィック（ユーザーの属性）のターゲティングはわかりやすいため、もし配信前にターゲット層がわかっていれば活用しましょう02。ほかのターゲティングも併用ができるため、リマーケティングとの併用ももちろん可能です。とくに使うターゲティングは「年齢」「性別」「地域」では、ターゲット層と違うものは除外してしまって構いません（世帯年収でのターゲティングはAdWordsのβ版の管理画面のみで設定可能です）。

02 デモグラフィックのターゲティング

	YDN	GDN
性別	○	○
年齢	○	○
地域	○	○
世帯年収	×	○
子供の有無	×	○

 検索連動型でも使えるターゲティング
ターゲティングが使えるのはコンテンツ向け広告だけではありません。スポンサードサーチではリターゲティング、AdWordsではリマーケティング・類似ユーザー・デモグラフィック・インテントでのターゲティングを行うことができます。

AdWordsでのコンテンツ向け広告の作成方法

コンテンツ向け広告を出稿する際は、検索連動型広告とは別のキャンペーンを作成します。

1 サイドメニューから「キャンペーン」→「+」の順にクリックして、「ディスプレイ」をクリックします。

2 AdWordsと同様の要領で設定を進めていくと（P055）、広告グループの箇所でターゲティングを設定できます。

📎 ターゲティングの選択
「オーディエンス」では人のターゲテニィグのうち、リマーケティングを含む行動・興味関心のターゲティングを設定できます。「ユーザー属性」は性別・年齢・子供の有無・世帯年収といったデモグラフィックでのターゲティングです。「コンテンツ」は、コンテンツが含むキーワードやトピックを設定したり、URLを指定するプレースメントといった配信面のターゲティングを設定できます。

3 「ターゲティングの自動化」では、コンテンツターゲットなどを行う場合は、「自動化」を選択します。

📎 リマーケティングの場合
リマーケティングを行う際に「自動化」が選択されていると、類似ユーザーにも広告が配信されてしまいますので、純粋なリマーティングを行いたい場合は「ターゲティングを自動化しない」を選択しましょう。

4 「広告を作成」では、バナーが準備されている場合は、「ディスプレイ広告のアップロード」を選択しましょう。バナーがない場合は「レスポンシブ広告」を選択します。

YDNでのコンテンツ向け広告の作成方法

YDNでコンテンツ向け広告を出稿する場合は、プロモーション広告画面から作成します。

1. プロモーション広告の管理画面から、「YDN」をクリックして、
2. 「キャンペーン管理」をクリックし、
3. 「キャンペーン作成」をクリックします。

4. 「ターゲティング」「インフィード広告」の中から、作成したいものを選択して、
5. キャンペーン名・キャンペーン予算を設定します。

コンバージョン最適化
「コンバージョン最適化」では、コンバージョン単価の目標値以内でコンバージョンを獲得できるように入札価格が自動で設定されます。コンバージョンの件数が少ないと設定ができません。

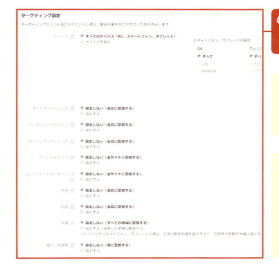

6. 広告グループの作成では、ターゲティングの広告掲載方式を設定することができます。左の画面はキャンペーンの設定で「ターゲティング」を選択した画面です。

ターゲティングの組み合わせ
広告掲載方式が変わると、設定できるターゲティングが変わってきます。複数のターゲティングを組み合わせることも可能です。

YDNの広告設定
YDNの広告設定は、バナー広告は画像がなければ設定できません。テキストのみの広告を出稿することはできますが、広告露出が減ってしまいますので、バナー画像を準備しましょう。1サイズのみのバナーを作成する場合は、広告枠の多い300×250を用意しましょう。

02 リマーケティングを活用しよう

運用編

リマーケティング（YDNではリターゲティング）は、一度サイトに訪問したユーザーに対して広告の配信が可能です。一度サイトに訪問しているユーザーは、興味を持っている可能性が高いため、費用対効果がよいことが多い配信方法です。

リマーケティングとは

サイトに一度訪問したユーザーをリスト化し、広告配信ができるターゲティングのことを、GDNではリマーケティング、YDNではリターゲティングといいます 01。コンテンツ向け広告にはさまざまな種類のターゲティングがありますが、リマーケティングは非常に費用対効果が合いやすいのが特徴です。リマーケティングは、リマーケティング用のタグ（AdWordsではグローバルサイトタグ）を全ページに設置します。ユーザーリストは、ページごとに作成することもできますし、訪問した日数でリストを分けることもできます。一言で「リマーケティング」といっても活用法は多くありますので、どのように配信すべきかを考えながら設定してみましょう。また、各リストの掛け合わせもできますので、「新規顧客だけに広告配信をしたい」という場合は、サンクスページに来たユーザーリストを作り除外をすることで、新規の見込み顧客のみに配信できます。

01 リマーケティング／リターゲティングのしくみ

❶新しい洋服がほしいインターネットユーザーがいます。
❷洋服を探しに、広告主のサイトを訪問します。
❸もう少し検討したいと思い広告主のサイトを離れます。
❹後日、別のサイトを閲覧中に広告主の広告が示されます。
❺広告での訴求をきっかけに広告主のサイトを再訪問します。
❻検討した結果、広告主のサイトで洋服を購入しました。

どこまで設定するかはサイト規模によって変わる

リマーケティングは、ユーザーが訪問してはじめて広告を出稿できるため、訪問数が少なければほとんど広告を出せなくなってしまうターゲティングです。オーソドックスな配信方法としては、「サイトに訪れたユーザー」から「サンクスページを訪れたユーザー」を引いたリストで広告を配信することになります。費用対効果が合いやすいリストの作り方として、通販であれば商品を買い物かごに入れたユーザーで、かつ商品を購入しなかったユーザーへの広告配信があります。しかし、商品を買い物かごへ入れるユーザーが月に10人しかなければ、この設定では10人にしか広告を出すことができません。それでも設定しておくことが望ましいものの、リスティング広告ではやるべきことが多く、どこかに妥協線を引かなければなりません。どこまでやるかは状況に応じて決めましょう。このセクションでは「どうやってリスト分けをしていくべきか」の例を、ユーザー思考を意識しながら考えていきます。

ページによるターゲティング

それでは通販サイトでの一例を見てみましょう 02。多くのサイトでは一番訪問するユーザーが多いのはトップページで、階層が深くなるほどユーザー数は減ってきますが、購入意欲は高くなる傾向があります。当然、トップページのみで離脱をしたユーザーと、商品カテゴリ・商品ページを見たユーザーとでは、広告配信を行ったときに費用対効果が異なり、カートまで進んだユーザーの方がより高い効果を見込めます。

02 通販サイトのユーザー数と購入意欲の例

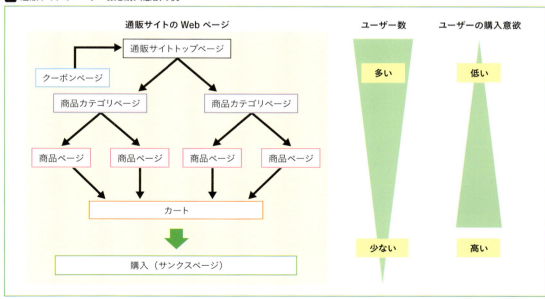

たとえば商品カテゴリごとのページでリストを作れば、そのカテゴリに合わせた広告の作成もできるようになります。総合アパレルショップであれば「ジャケット」のページに訪れたユーザーに対しては「ジャケット用の広告」を配信するといったことが可能です。複数のリストを組み合わせることで03のような配信も行えます。なお、リストを作成する際は、GDNでは「オーディエンスマネージャー」、YDNではツールの「ターゲットリスト管理」を利用します。実際の作成手順については各ヘルプページなどを参照してみてください。

03 配信の組み合わせリスト例

各項目から「購入したユーザー」を引き算する

❶ **Webサイト全体** ― **購入したユーザー**
Web サイトに訪問し、かつ購入しなかったユーザー

❷ **トップページのみ** ― **購入したユーザー**
トップページのみ（＝下層ページに進まず）、かつ購入しなかったユーザー

❸ **Webサイト全体** ― **トップページのみ** ― **購入したユーザー**
Web サイトに訪問し、かつ下層ページに進み、かつ購入しなかったユーザー

> 下層ページに訪問しているユーザーの方が購入意欲が高い可能性が高いため、CPA を抑えるために❸のようなリストを作成するのも効果的です。ただし、❶に比べて❸はかなりリストのユーザー数が少なくなってしまいます。

❹ **商品カテゴリ** ― **購入したユーザー**
商品カテゴリのページに進み、かつ購入しなかったユーザー

> 商品カテゴリがある場合は、このようにリストを分ければ、商品カテゴリのバナーを使ってリマーケティング広告を出稿すれば高い成果が見込めます。

❺ **買い物カート** ― **購入したユーザー**
買い物カートまで進み、かつ購入しなかったユーザー

> 商品を買い物かごに入れたが購入しなかったユーザーも高い費用対効果が見込めます。

リピーターを育成する

❻ **購入したユーザー**
購入したユーザー

> リピーターとなってもらうため、購入したユーザーでリストを作ることができます。

❼ **メールマガジン用クーポンページ**
メールマガジン用クーポンページを訪問したユーザー

> 購入者にメルマガを使ってリピーターとなってもらう際に、このようなリスト分けができれば、購入者でかつ購入意欲が高いリストが作成できます。

訪問からの日数でリスト分けをしよう

　ページのリスト分けだけでなく、訪問からの日数でリストを分けることも可能です。すべてのビジネスに当てはまるわけではありませんが、おおよそは、**04**のように訪問からの日数が空くほど、購入意欲は落ちていく傾向があります。Googleアナリティクスでアクセス解析を行っている場合は、初回訪問から購入までの日数を確認してみましょう。

　「水漏れ」や「鍵トラブル」などの緊急性の高いビジネスの場合は、作成するリストは訪問から1日だけのリストでもよいでしょうし、高額商品で長期検討するようなビジネスモデルの場合では、半年や1年間のリストを作る必要もあるかもしれません。基本的にはリスト作りは欠かせない作業です。

04 日数による購入意欲の低下

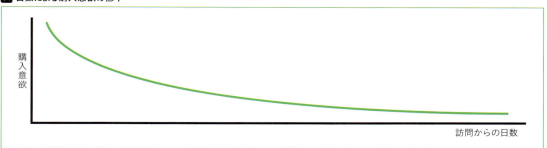

　サイト訪問から30日間のユーザーをリマーケティングで追客するために**05**のような設定が好ましいですが、**03**の❶のような設定でも30日間のリマーケティング広告の配信は可能です。4つに分ける理由は、「リストを分けなければ、配信の強弱がつけられないから」です。グラフのように、サイトへ訪問した日数が浅いほど商品を購入する可能性が高いのであれば、❶の3日までのユーザーの方が❹のユーザーよりも購入する率が高くなると考えられます。この場合、❶は費用対効果が高くなるので入札単価を上げて広告の配信量を増やせます。リストを分ければ入札単価を変えられますし、それぞれのパフォーマンスの確認もできます。

05 日数とリマーケティング

各項目から「購入したユーザー」と「1つ前の日付のユーザー」を引き算する

❶ 3日間のリスト − 購入したユーザー　訪問から3日以内で、かつ購入しなかったユーザー
❷ 7日間のリスト − 3日間のリスト − 購入したユーザー　訪問から4〜7日が経ち、かつ購入していないユーザー
❸ 15日間のリスト − 7日間のリスト − 購入したユーザー　訪問から8〜15日が経ち、かつ購入していないユーザー
❹ 30日間のリスト − 15日間のリスト − 購入したユーザー　訪問から16〜30日が経ち、かつ購入していないユーザー

※GDNは機械学習によって、30日間のリストのみで配信しても、よいパフォーマンスが出せるようになってきています。

ページごとのリスト分けと訪問からの期間でリスト分け

ページごと・訪問からの期間でリスト分けを組み合わせると、リストの種類は膨大になってしまいます。「どこまでやるべきか」を明確にしなければ、いくら時間があっても設定が終わりませんから、自社のビジネスモデル・規模から、どこまでやるかを判断しましょう。

成功事例：春と秋でリピートすることが分かっている場合

リピーターの多くは、「春と秋に商品を購入する」ことがわかっていたため、通常の新規顧客用のリマーケティングとは別に、4〜6ヶ月前に商品を購入したユーザーリストを作成し、リマーケティングを配信してリピーター率を増加させました。また、「4〜6ヶ月前に商品を購入したユーザー」かつ、「直近30日で訪問したユーザー」に対してさらに配信を強化しました。

そのほかの施策として、リスティング広告の特徴の1つでもあるリンク先を自由に設定できることを活用し、リピーター向けのキャンペーンに誘導することで、リピート率をさらに上げることに成功しました。

成功事例：会社概要ページを訪問したユーザーで大口注文獲得

通販ショップでは、通常の顧客単価は10,000円ほどなのに、たまに200,000円などの大口注文が混ざるような場合もよくあります。大口注文をする立場で考えればわかりやすいのですが、大口注文の場合は「商品・納期など、安心して発注ができるか」ということを考えます。そうなると、大口注文をするユーザーは「会社概要ページ」を見て、会社の所在地や企業情報を確認することが多くなります。大口顧客を増大させるために「会社概要ページ」に訪れたユーザーに対する広告配信を強化したことで、目論見通り大口顧客が増え、売上増加につながりました 06。

06 会社概要を訪れるユーザー

この会社に注文して大丈夫だろうか…

会社概要のページを確認しよう！

成功事例：サイトに訪れたことがあるユーザーを除外

「メールマガジンの読者増が目的で、メールアドレス登録が広告のゴール」というようなケースです。ページを読み進めていて「この続きは登録したユーザーだけ」といった表示が出て、「メールアドレスを入れるのはちょっとな…」とためらってそのページから離れた経験がある方は多いかと思います。その際のユーザー意識はどのようなものでしょうか？「メールアドレスを登録するのが面倒でやめた」か、それとも「メールアドレスを登録してまで続きを読む気がしなかった」のどちらかになるかと思いますが、大半のユーザーは後者でしょう。

通常、カートまできて購入しなかったユーザーや、問い合わせフォームまで辿り着いたのに離脱してしまったユーザーに対しては、リマーケティングで高い費用対効果が出ることが多いです。しかし、例のようにフォーム入力が「メールアドレスだけ」というような場合は、逆にフォームに到達したユーザーは費用対効果が合わないことがあります07。さらにいえば、一度もサイトに訪れたことがないユーザーの方が顧客獲得単価が抑えられ、リマーケティングを配信ではなく除外として使うことでうまくいくケースがあります。

07 メールマガジンの費用対効果

リマーケティングは基本的に費用対効果が合いやすいターゲティング

しかし…

コンバージョンのハードルが低い（メルマガ登録のみなど）場合はリマーケティングは効率が悪くなるときがある

💡 よくあるパフォーマンスが悪化するケース

リマーケティングは、サイトに訪問したユーザーの「質」によってパフォーマンスが大きく変わります。たとえば、流入の中心が検索連動型広告であれば、購入するであろうキーワードばかりでサイトへ流入しているため、ユーザーのリストの質は高くなる場合が多いです。そのようなときに配信していたリマーケティングが好調でも、ほかの広告媒体などを利用した際に流入の質が一気に変わったため、ユーザーの質が落ち、リマーケティングの費用対効果も落ちてしまったというケースもあります。

03 YDNサーチターゲティングとは

運用編

サーチターゲティングはYDNのみのターゲティングとなりますが、非常にわかりやすく、使いやすいターゲティングの1つです。このセクションでは、サーチターゲティングのリストやしくみについて解説します。

サーチターゲティングとは

サーチターゲティングとは、Yahoo! JAPANの各種検索機能でユーザーが検索したキーワードを利用して、ターゲティングを行う機能です **01**。過去に検索したキーワード（検索履歴）をもとに広告が配信されます。YDNのみのターゲティングとなりますが、非常に使い勝手がよく、コンテンツ向け広告の中では初心者でも扱いやすいターゲティングです。とくに、検索連動型広告の場合は「クリック単価が高くて広告出稿が厳しいキーワード」であっても、サーチターゲティングを使えば、クリック単価を抑えてアクセスを集めることができます。また、検索連動型広告では少し遠いキーワードでも、サーチターゲティングを使うことで新規顧客が獲得できる可能性もあります（たとえば、ネイルサロンなら、サーチターゲティングで「成人式」で設定するケースなどが含まれます）。

01 サーチターゲティングのしくみ

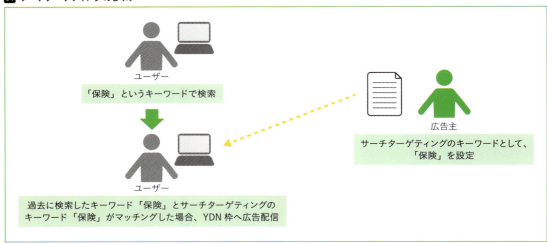

ターゲットリストについて

　サーチターゲティングでターゲットリストを作成する際は02、①に設定したいキーワードを入れると、設定できるキーワード候補とユーザー数が下に表示されます。また、過去に検索したユーザーの期間（最大30日）②や、検索回数（最大で3回以上）も選択することができます③。

02 ターゲティングリスト

サーチターゲティングの広告配信のしくみ

　サーチターゲティングで設定したキーワードは、03のようなキーワードの一致方法で広告が出稿されます。たとえば「不動産」で設定しておけば、「不動産」を含む複合キーワードを検索したユーザーには、広告の配信が可能です。この特性を理解して、過去にどのキーワードを検索したユーザーをターゲティングしたいかを考えながら設定していきましょう。

03 サーチターゲティングのキーワード

ユーザーの検索キーワード	広告主が設定したキーワード	広告の配信
赤坂　不動産	不動産	○
赤坂　不動産	赤坂　不動産	○
赤坂　不動産	不動産　赤坂	○
不動産	赤坂　不動産	×

04 YDN インフィード広告

運用編

スマートフォンが普及して、これまで以上に重要になってきたのが「インフィード広告」です。ニュースフィードなどの間に見た目が同じフォーマットの広告リンクを含ませることで、ユーザー体験を損なわずに訴求できる広告形態です。ここではインフィード広告の特性とターゲティングの組み合わせについて解説します。

インフィード広告とは

「インフィード広告」ではスマートフォン版 Yahoo! JAPANトップページに広告掲載です 01。2015年より開始され、今でも多くの企業が活用している配信方法です。インフィード広告の魅力は、スマートフォン版のYahoo! JAPANのトップページに広告が掲載されるため、非常に多くの広告露出が見込める点です。小規模サイトの場合、リターゲティングやサーチターゲティングなどを使って広告出稿をするターゲティングを狭めるほど、広告露出数が減ってしまいます。その部分をインフィード広告を使うことでカバーできます。

01 インフィード広告

Yahoo!プロモーション広告　公式ラーニングポータル
https://promotionalads.yahoo.co.jp/online/infeed.html

インフィード広告の特性を知ろう

インフィード広告は、02のようにほかのニュースなどに混ざって広告が配信されます。スマートフォンでスマホ版Yahoo!のトップページにアクセスしてどのように広告が出ているか確認してみましょう。「Yahoo! JAPAN広告」と記載されているものがインフィード広告です。

通常のバナー広告とは違い、さまざまなコンテンツの間に広告が出稿されるため、どのような訴求をすればユーザーに響くかを考えて画像や広告文を作りましょう。

02 インフィード広告の配信としくみ

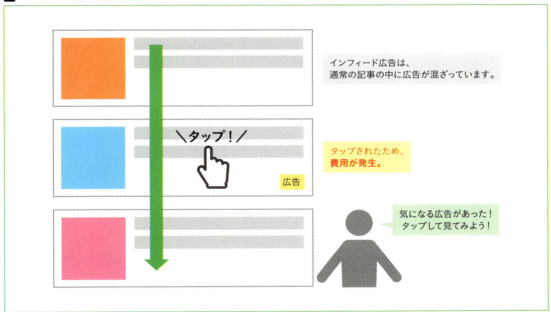

インフィード広告×ターゲティング

ターゲティングをすることで、配信するユーザーの「質」は高まります。しかし、質が高まるほど、広告を配信できるユーザー数が減ってしまいます。リマーケティングやサーチターゲティングで広告の設定をしたが、あまり広告費が使えなかったというケースも出てくると思います。スマートフォン版Yahoo! JAPANのトップページを利用するユーザー数は非常に多いため、「質の高いターゲティング」と組み合わせることで高い費用対効果が見込めます。

「リマーケティング×インフィード広告」と「サーチターゲティング×インフィード広告」の配信方法は非常に有効になりますので、積極的に利用してもよいでしょう。

そのほかのターゲティングと併用してみたり、フリークエンシーキャップ（1ユーザーに対する広告表示回数を設定）などを設定することで、より精度を高めることも可能です。

05 そのほかのターゲティング

運用編

コンテンツ向け広告では、多くのターゲティングの方法があります。ここでは「リマーケティング」・「サーチターゲティング」・「デモグラフィック（ユーザー属性）」以外のターゲティングを配信面とユーザーに分けて説明していきます。

そのほかの配信面のターゲティング

まず、広告を掲載するWebページを指定する「配信面のターゲティング」の手法で、ここまでで解説していないものをいくつかかんたんに見ていきましょう。

○キーワードによるコンテンツターゲット（GDN）

AdWordsのコンテンツターゲットでは、キーワードを指定して、配信面のターゲティングが可能です。どのようなコンテンツが書かれているWebサイトに広告を掲載したいかを考えながら、キーワードを設定していきましょう。Googleのシステムによりコンテンツが分析され、設定したキーワードと関連性があると判断された場合に、広告が出稿されます。

○トピックによるターゲティング（GDN）

トピックターゲットを使用すると、自動車やニュースなど、特定のトピックに関連するWebサイトのページにAdWords広告を掲載できます。たとえば「自動車」を指定すると、自動車に関するコンテンツを含むページに広告が出稿されるようになります。「自動車保険」などを営んでいる事業であれば、自社のビジネスに関連性の高いコンテンツに広告配信をすることが可能です。

○サイトカテゴリーによるターゲティング（YDN）

サイトカテゴリーでは、特定のカテゴリーに関するサイト（広告配信面）に広告を出稿することができます。GDNのトピックによるターゲティングに近いもので、そのYDN版だと考えてください。サイトカテゴリーは現在277種類あります。広告出稿後に、各サイトカテゴリーごとのパフォーマンスも確認できます。

○プレースメントターゲット（GDN・YDN）

プレースメントターゲットは、広告を出稿したいWebページをURL単位で指定するターゲティングです（GDNでは手動プレースメントといいます）。ターゲットとなるユーザーが明確に想定でき、コンバージョンに結

びつく可能性が高い配信先などがある場合に使うと効果的です。こちらも、実際に広告配信後の成果を見て、パフォーマンスがよいページにプレースメントターゲットで配信していくことも可能です。

そのほかのユーザーのターゲティング

Webページのコンテンツではなく、ユーザーを指定して広告を表示するのが「ユーザーのターゲティング」です。こちらもいくつか見てみましょう。

○ 類似ユーザー（GDN・YDN）

類似ユーザーは、リマーケティングリストをもとにしたターゲティング機能です。類似ユーザーは、サイトの訪問ユーザーと共通の特性があるユーザーを、ターゲティングすることが可能です。サイトへ訪問したユーザーと関心の対象が似ているユーザーに広告を配信できるため、適確な見込み顧客にアプローチすることができます。

○ アフィニティ（GDN）・インタレストカテゴリー（YDN）

特定のカテゴリーに興味があるユーザーをターゲティングする機能です。サイトの配信面ではなく、ユーザーへのターゲティングなので、指定したカテゴリーとは関連の薄いWebページをユーザーが見ているときにも広告が表示されます。GDNにはカスタムアフィニティという機能もあり、この場合はキーワードや興味のありそうなサイトURLを自分で入力して、より詳細なターゲティングが行えます。

○ インテント（購買意向強）（GDN）

特定のカテゴリーやキーワード、URLなどを指定してユーザーをターゲティングする点はGDNのアフィニティと同様ですが、アフィニティが持続的な興味をもつユーザーが対象になるのに対し、カスタムインテントはその時点で活発に商品等の情報収集を行っているユーザーが対象になります。高コンバージョン率が期待できる配信方法ですが、一般に配信量はアフィニティのほうが増やしやすくなります。

○ フリークエンシーキャップ

フリークエンシーキャップはターゲティングとは異なりますが、同一ユーザーに広告を表示する上限回数を設定する重要な機能です。表示回数の上限を、日、週、または月単位で設定が可能です。また、広告単位、広告グループ単位、キャンペーン単位の中から適用対象を選びます。

💡 コンテンツ向け広告で成功するためのポイント

コンテンツ向け広告では「どのようなユーザーに広告を出稿するのか」と、「どのような配信面に広告を出稿するのか」ということをしっかりと考えなくてはなりません。ユーザーの立場に立ち、「どのような広告を出稿すればよいか」を考えて、広告を作成していきましょう。

095

06 GDN スマートディスプレイ キャンペーンとは

運用編

スマートディスプレイキャンペーンは、入札、ターゲット設定、広告作成に関する3つの最適化技術が使用されたGDNの自動化キャンペーンです。使うための利用要件もあるので確認しておきましょう。

スマートディスプレイキャンペーンの利用要件

スマートディスプレイキャンペーンは、「自動入札」「自動ターゲット設定」「広告の自動作成」と、運用者が手間と時間をかけずに広告を配信できる機能です **01**。利用要件として、AdWordsの公式ヘルプページでは

「コンバージョン トラッキングを使用していて、コンバージョン ベースのご利用要件を満たしている。スマート ディスプレイ キャンペーンを設定するには、過去30日間にディスプレイ ネットワークで50回以上（または検索ネットワークで100回以上）のコンバージョンを獲得している必要があります。」

という記載があります。

必要要件のコンバージョン数に達していなくてもスマートディスプレイキャンペーンが利用できるケースも確認しているため、明確な利用要件は分かりませんが、獲得しているコンバージョン数がない場合はスマートディスプレイキャンペーンを使うことができません。

ある程度のコンバージョン数を獲得していることが条件となりますが、利用できる状況であれば、自動で「入札」「ターゲット設定」を行ってくれますし、広告作成もかんたんなので、ぜひ活用してみましょう。

01 スマートディスプレイキャンペーンの利用

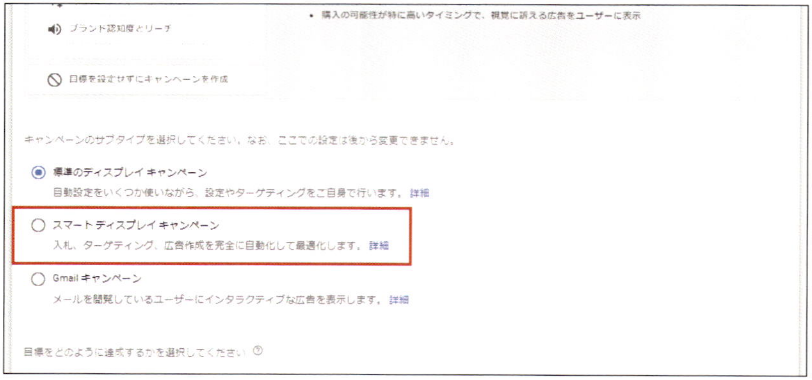

スマートディスプレイキャンペーンを利用できる場合は、ディスプレイネットワークのキャンペーン作成画面で「スマートディスプレイキャンペーン」という表示が追加されます。

スマートディスプレイキャンペーンでの広告作成

　スマートディスプレイキャンペーンの広告設定は、イメージ画像・見出し・説明・店舗名・最終ページURLを入れれば完了となります。とくに画像・見出し・説明に関しては、複数を設定しておくことで、AdWordsが自動的にユーザーに対してよりよい組み合わせでバナー画像などを生成して、広告を配信してくれます02。

02 スマートディスプレイ広告

スマートディスプレイキャンペーンでできないこと

　スマートディスプレイキャンペーンは、自動化が最大のメリットとなりますが、だからこそ手動で設定できない部分もあります。「個別に単価調整を使用する」ことや「配信方法や配信先デバイスを設定する」ことができません。デモグラフィックなどのターゲティングについても手動では設定できないため、自動での広告配信に任せることになります。また、自動入札のしくみとして「学習期間」が必要で、広告を配信してから2週間が経過するか、コンバージョンが50件に達した時点でキャンペーンの最適化が開始されます。AdWordsの自動化に必要な学習を行う期間となるため、期間中はパフォーマンスが悪化する可能性が高くなります。

スマートディスプレイキャンペーンはやってみることが大切

　スマートディスプレイキャンペーンを利用することで、大きく成果が伸びたケースもあれば、上手く機能せずに、手動で設定をした方がパフォーマンスがよかったケースもあります。スマートディスプレイキャンペーンは「自動化」に特化しているため、パフォーマンスが悪かった場合に広告運用者ができることは限られています。

　「GoogleのデータとAIを用いた機械学習技術」は目を見張るものであり、今後は手動でのターゲティングよりも自動化された広告配信へと移り変わっていくのは間違いありません。

　現状では、スマートディスプレイキャンペーンが使える広告アカウントでは積極的に導入し、成果が悪ければ停止するというような感覚で利用するのがよいでしょう。

　スマートディスプレイキャンペーンでは、既存でリマーケティングを設定しているキャンペーンがあれば、そのキャンペーンには影響を及ぼさないようになっていますので、まずはリマーケティングを設定し、そのほかのターゲティングとしてスマートディスプレイキャンペーンを利用してみましょう。

07 そのほかの広告配信方法について

基本編

検索連動型広告・コンテンツ向け広告の説明をしてきましたが、AdWordsには、それ以外の広告配信方法もあります。このセクションでは、そのほかの広告配信にどのようなものがあるのか紹介します。

動的リマーケティング

リマーケティングは、過去にサイトへ訪問したことがあるユーザーに対して広告を出稿できる機能です。**動的リマーケティングでは、これをさらに一歩進めて、ユーザーが過去にサイト内で閲覧した商品やサービスを含む広告を出稿することができます**。フィードの作成が必要となるため、導入のハードルは高いですが、設定を行うことができれば、ユーザーにとって魅力的なリマーケティングの配信が可能となります。

01のようなサイトの場合、リマーケティングの広告は「家具通販」のバナーでトップページに誘導、もしくは「ソファー」のバナーでソファーのカテゴリページへの誘導が一般的です。動的リマーケティングを設定した場合、ソファーAを閲覧したユーザーには「ソファーA」のバナーでソファーAのページに誘導する広告が自動で生成されます。自動で生成される広告はフィード内にある詳細情報(一意のID、価格、画像など)によって生成されます。

01 家具通販の例

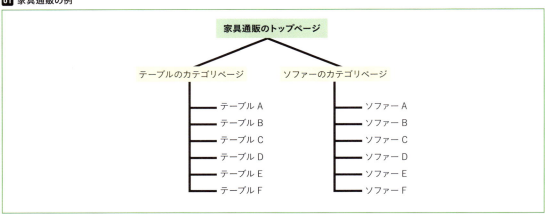

商品フィードはGoogle Merchant Centerにアップロードする必要があります。

ショッピングキャンペーン

　ショッピングキャンペーンは、Googleで検索した際に、画像・商品名・価格などが入った広告を出稿することができます02。検索連動型広告と重複して広告を出すことができますが、画像付きで広告が出稿されるため、クリック率が高いのが特徴の1つです。動的リマーケティング同様、フィードをGoogle Merchant Centerにアップロードする必要があるため、導入ハードルは高いですが、通販ショップでは高い成果が見込める配信方法です。

02 ショッピングキャンペーン

Gmail広告

　Gmail広告は、Gmailの受信トレイの特定タブの上部に表示される広告です03。広告をクリックすると、メールのように展開され、展開後の広告に画像、動画、埋め込みフォームなどが表示されます。Gmail広告では、広告をクリックして展開された時点で課金が発生するため、ユーザーがサイトへ訪問しなくても広告費がかかります。

03 Gmail広告

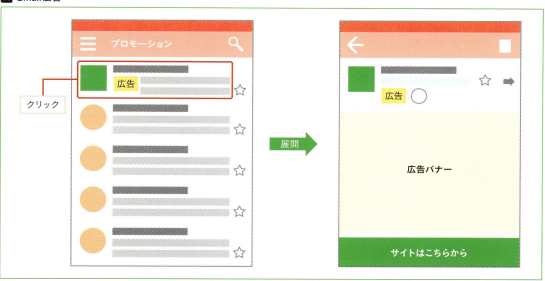

動的検索広告

　動的検索広告は、検索連動型広告の機能の1つです。Webページのコンテンツを読み取り、AdWordsが自動でキーワードや広告タイトルを生成してくれます。通常は広告を配信するキーワードを設定しますが、動的検索広告の場合は「自動でキーワードが設定」されます。また広告においても、説明文を入力しておくだけで、広告タイトルが自動で生成されます。動的検索広告を使うと、意図していないキーワードで広告が出てしまうケースが多々あるため、配信前に不要なキーワードは除外設定をしておきましょう（たとえば顧客事例のコンテンツがあると、顧客の企業名などで広告が配信されてしまうこともあります）。

動画広告の出稿も可能

　AdWordsのTrueView動画広告 **04** や、YDN動画広告 **05** を利用することで、動画広告を配信することも可能です。近年、動画広告は注目を浴びており、導入する企業が増えています。動画広告でもターゲティングと併用ができるため、ブランディングのみではなく、新規の顧客獲得へと直結する広告として配信することもできます。またTrueViewでは動画広告だけでなく、動画に合わせて広告を配信することも可能です。

04 TrueViewを含むYouTube動画広告

https://www.youtube.com/intl/ja_ALL/yt/advertise/running-a-video-ad/

05 YDNの動画広告

https://help.marketing.yahoo.co.jp/ja/?p=12072

💡 すべての広告メニューを使う必要はないので、適した広告メニューを使おう

　リスティング広告では、Google AdWordsにせよYahoo!プロモーション広告にせよ、非常に多くの広告メニューが存在します。ですが、それらをすべて使用する必要はありません。自社のビジネスモデルに合わせて、配信する広告メニューを決めましょう。たとえば検索連動型広告が中心の企業であれば、コンテンツ向け広告は「リマーケティング」のみ、もしくはやるにしても「サーチターゲティング」までといった方針が多いようです。

　逆に小規模ECショップでは検索連動型は店舗名のみに使い、「ショッピング広告」と「リマーケティング」を活用するといったケースもあります。各メニューの特性や「どのようなことができるか」を理解して、採用するものを選びましょう。理解を深めるために、P013でも紹介したように、ヘルプページも活用してください。

　また、それぞれの広告配信の手法によってユーザーの意識が異なりますので、ユーザーの立場に立って考えることも重要です。たとえばコンテンツ向け広告であれば、「このページを見ているときに表示されるのであれば、別の訴求がいいよね」というように、広告のクリエイティブも変わってきます。

　ユーザーにとっても魅力的な広告が配信できるよう、ユーザー目線を意識しながらターゲティングや広告クリエイティブを見直すようにしましょう。

CHAPTER 6

広告を最適化しよう

リスティング広告は運用型の広告です。ただ広告を出稿するだけではそのメリットが活かせず、出稿後に最適化していく必要があります。可視化されたデータを活用して、より高いパフォーマンスを出していく運用スキルを身に付けましょう。

広告の最適化のための準備をしよう

01

運用編

リスティング広告は、設定して広告を配信したら、それで終わりではありません。高い費用対効果を出すために、出稿後のデータを見ながら広告を最適化していく作業が必須です。ここでは、まず各指標の意味と関連性、およびそれぞれの悪化の要因を見ていきます。

リスティング広告で使う用語を覚えよう

リスティング広告では、多くのデータを確認することができます。これらのデータの良し悪しや変動を見ながら、費用対効果の向上を目指して広告の最適化を行っていきます。まず、用語の意味を理解しておく必要があるので、**01**にまとめておきます。理解があいまいな用語がないか、確認してみてください。

○最適化に必要なのは改善点を見つけること

広告を最適化していく作業に欠かせないのが、「改善点を見つけ出すこと」と「適切な改善方法を見つけ出す

こと」です。広告のどこに問題があるかを見つけ出し、適切な改善方法を選んで実行するというサイクルを繰り返せば、広告のパフォーマンスは向上していきます。

「改善点」を見つける方法は多岐にわたるため、すべてをマニュアル化することはできません。**02**は、表の指標がどのような関連性をもち、どのような要因から数字が悪化するかを示しています。それぞれの指標が示す数字の意味を理解し、現状を把握しながら、改善点を見つけていきましょう。

01 リスティング広告で使う用語一覧

Yahoo!表記	Google表記	略称	説明
インプレッション	表示回数	IMP	広告が表示された回数
クリック数	クリック数	Click	広告がクリックされた回数
クリック率	クリック率	CTR	広告がクリックされた率、クリック数／インプレッション数
平均CPC	平均クリック単価	CPC	1回のクリックでかかった広告費の平均単価
合計コスト	費用	COST	使った広告費
コンバージョン数	コンバージョン	CV	コンバージョンが測定された回数
コスト／コンバージョン数	コンバージョン単価	CPA	1回のコンバージョンにかかった費用、合計コスト／コンバージョン数
コンバージョン率	コンバージョン率	CVR	コンバージョンの率、コンバージョン数／クリック数
品質インデックス	品質スコア	QS	キーワードの品質、キーワードタブでの画面のみで表示可能
インプレッションシェア	インプレッションシェア	-	実際に広告が表示された回数／表示される可能性があった回数

02 それぞれの数字との関係性

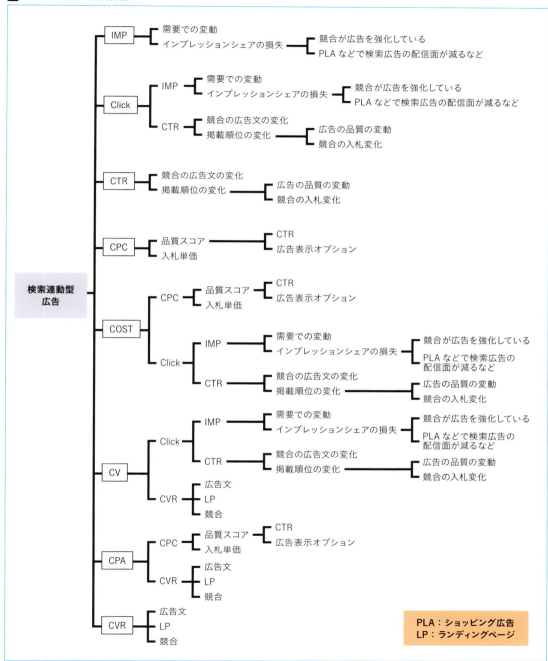

PLA：ショッピング広告
LP：ランディングページ

02 パフォーマンスを確認するために表示項目を変更しよう

〈運用編〉

管理画面がデフォルトの状態の場合、最適化に必要な指標の数字がすべては表示されていません。ここでは管理画面の表示項目の変更の手順を紹介します。必ず変更して、パフォーマンスを確認できるようにしましょう。

AdWordsの表示項目を変更する

1 AdWordsの管理画面のサイドメニューの「キャンペーン」をクリックします。

2 ▦ をクリックします。

3 ∨ をクリックすると、表示項目の展開ができます。

4 必要な項目にチェックを入れます。

5 右側の項目はドラッグ＆ドロップで、順番を入れ替えることができます。

📎 **品質スコアの表示**
品質スコアはキーワードタブのみで表示されます。

スポンサードサーチの表示項目を変更する

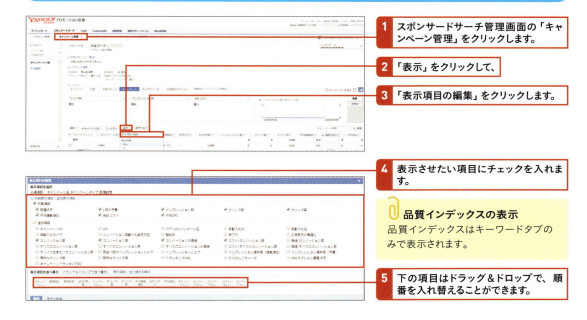

1. スポンサードサーチ管理画面の「キャンペーン管理」をクリックします。
2. 「表示」をクリックして、
3. 「表示項目の編集」をクリックします。
4. 表示させたい項目にチェックを入れます。

品質インデックスの表示
品質インデックスはキーワードタブのみで表示されます。

5. 下の項目はドラッグ＆ドロップで、順番を入れ替えることができます。

それぞれのデバイスごとのパフォーマンスの見方

通常の管理画面では、デバイスごとのデータはまとめられてしまっており、デバイスごとの数字の把握ができません。AdWordsは≡をクリックして「デバイス」を選択 01、プロモーション広告では「表示」をクリックして「デバイス」を選択することで 02、デバイスごとのパフォーマンスを確認できます。パソコンはよいのに、スマートフォンはパフォーマンスが悪かったなど、デバイスによって大きく成果が変わるケースがあるので、必ずチェックしておきましょう。

01 AdWordsの画面

02 プロモーション広告の画面

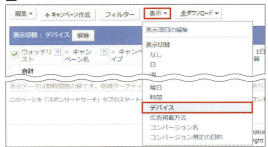

03 リスティング広告の成功パターン

運用編

リスティング広告が成功するパターンは大きく分けて5つあります。成功パターンを理解しておかないと、アカウントの方向性が定まらなくなってしまいます。どのような成功パターンがあるのか考えていきましょう。

リスティング広告の価値とは

まず、リスティング広告の価値とは何かを改めて考えてみましょう。多くの企業は「利益を出すこと」になるでしょう。リスティング広告の管理画面の数字でいえば、「いくら広告費を使って、何件のコンバージョンが獲得できたのか」です。

この点を踏まえると、リスティング広告の価値は、01のような図式で表すことができます。

01 リスティング広告の価値

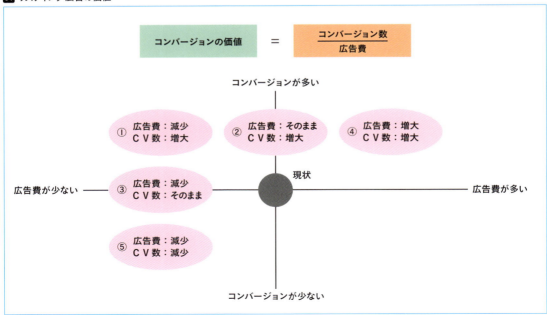

①広告費：減少・CV数：増大

広告費が減少し、CV数が増えるパターン02は、1件の顧客獲得単価が下がり、獲得件数が増大しているということになるので、大きな利益を生み出します。ただし、広告予算が適正ではなく、より多くの広告費を使った方がよいケースもあるので、その点だけ注意が必要です。

02 広告費が減少し、CV数が増えるパターン

広告費：100,000円
CV数：100件
コンバージョン単価：1,000円

→ 改善後のイメージ

広告費：96,000円
CV数：120件
コンバージョン単価：800円

②広告費：そのまま・CV数：増大

このパターンは間違いなく成功といえます。同額の広告費で、コンバージョン件数が増えているということは、顧客獲得単価も下がります。数字によって変わりますが、03のケースの場合は①よりも売り上げに貢献することができています。

03 広告費はそのままで、CV数が増えるパターン

広告費：100,000円
CV数：100件
コンバージョン単価：1,000円

→ 改善後のイメージ

広告費：100,000円
CV数：125件
コンバージョン単価：800円

③広告費：減少・CV数：そのまま

このパターンの場合、単純に抑えられた広告費分が広告主の利益として残ります。今まで出稿していた広告の費用対効果がよかったのであれば、利益を維持したまま広告費が減ることになるので、広告主にとっては嬉しい成功パターンです04。

04 広告費が減少し、CV数はそのままのパターン

広告費：100,000円
CV数：100件
コンバージョン単価：1,000円

→ 改善後のイメージ

広告費：80,000円
CV数：100件
コンバージョン単価：800円

①〜③のパターンは、いずれも成功のみのパターンです。

④広告費：増大・CV数：増大

このパターンは、成功と失敗の両方があります。獲得する顧客単価によって、成功か失敗かが決まってきます**05**。1はコンバージョン単価も上がってしまっていますが、この獲得単価が許容範囲内であれば成功パターンといえます。2、3に関しては、顧客獲得単価が変わらず or 減少して、獲得件数が増えているので成功パターンといえます。

05 広告費が増えて、CV数も増えるパターン

広告費：100,000円
CV数：100件
コンバージョン単価：1,000円

改善後のイメージ1

広告費：150,000円
CV数：125件
コンバージョン単価：1,200円

広告費：100,000円
CV数：100件
コンバージョン単価：1,000円

改善後のイメージ2

広告費：150,000円
CV数：150件
コンバージョン単価：1,000円

広告費：100,000円
CV数：100件
コンバージョン単価：1,000円

改善後のイメージ3

広告費：150,000円
CV数：200件
コンバージョン単価：750円

⑤広告費：減少・CV数：減少

このパターンでも、成功と失敗の両方があります**06**。1の場合は、顧客獲得件数は減り、コンバージョン単価は変わっていないので失敗パターンです。2は、さらに悪化してしまっているので失敗になります。3に関しては、この数字を成功と考えるかどうかは広告主によって変わってきます。

よくあるケースとしては、広告主のサービス提供数が追い付かず、集客しても顧客をさばききれない場合に広告費を抑える場面があります。広告費を抑えることで、顧客獲得件数は落ちてしまいますが、しっかりと顧客獲得単価も抑えることができれば、成功ともいえます。

それぞれのシーンによって、成功となる場合と、失敗となる場合がありますので、状況を踏まえて判断することが必要です。

06 広告費が減り、CV数も減るパターン

広告費：100,000円
CV数：100件
コンバージョン単価：1,000円

改善後のイメージ1

広告費：80,000円
CV数：80件
コンバージョン単価：1,000円

広告費：100,000円
CV数：100件
コンバージョン単価：1,000円

改善後のイメージ2

広告費：80,000円
CV数：50件
コンバージョン単価：1,600円

広告費：100,000円
CV数：100件
コンバージョン単価：1,000円

改善後のイメージ3

広告費：50,000円
CV数：80件
コンバージョン単価：625円

どのパターンがいちばんの成功といえるか

　それぞれの状況によって成功のパターンは変わります。①～③に関しては、キレイな成功パターンといえますが、広告予算の設定が誤っている場合やビジネスの成長期の場合は、④がいちばんの成功パターンになる可能性があります。**07**の例のように、ビジネスモデルや粗利がわかっていないと損失をしている可能性があるのです。当初は広告予算300,000円でコンバージョン単価は1,500円が目標となっていました。この数字を達成する

ことで広告主としては非常に満足をしていたのですが、粗利より1件あたりのコンバージョン単価を見直し、広告予算の上限を開放して使えるだけ広告費を使った結果、営業利益を約6.7倍まで増やすことができました。

　それぞれの状況において、成功パターンは変わってきますので、今の状況を理解して、どの成功パターンを目指すのかを考えていきましょう。

07 ④で一気に成功したパターン

広告費：300,000円
CV数：200件
コンバージョン単価：1,500円
1件あたりの粗利：16,000円
営業利益：2,900,000円

改善後のイメージ

広告費：4,500,000円
CV数：1,500件
コンバージョン単価：3,000円
1件あたりの粗利：16,000円
営業利益：19,500,000円

04 最適化をしていくための基礎知識

運用編

ここでは、広告を最適化していく際の基本的な考え方を解説していきます。検索連動型広告で最適化していく要素は、基本的に「入札単価」「キーワード」「広告文」の3つです。これらの設定を変更した際、どのような数字の変動が発生するかについても詳しく見ていきます。

広告出稿後の2つのフェーズ

リスティング広告の運用には、大きく分けて2つのフェーズがあります。1つは「広告管理」です **01**。これは出稿している広告のパフォーマンスに大きな変動がないかの確認です。イメージとしては、現状を維持するためにしっかりと広告が出ているかの確認になります。

もう1つのフェーズは「広告運用」です **02**。現状の広告のデータを分析して、改善点を見つけ出し、よりよいパフォーマンスを出すために、広告を調整していくものです。リスティング広告において、両者とも重要な項目です。

01 広告管理

広告管理 ┤ 大きな数字の変動がないか
しっかりと広告が出ているかどうか
毎日、数字を追っていく

02 広告運用

広告運用 ┤ 改善点を見つけて、施策を行う
行った施策での結果を確認して、さらに施策を行う
分析できるデータが溜まるであろう日時に確認

広告管理では、日々の変動に異常がないかをチェックする

03 の表は、某通販サイトのリスティング広告のデータ（プロモーション広告とAdWords、検索連動型広告とコンテンツ向け広告をすべて合計した数字）です。平均CPAは3,500円ほどで、デイリーのCV数は3件前後の広告アカウントです。12月1日はCV数が0件で、そこからインプレッションが減り続けると同時にCV数も少なくなってきています。

このインプレッション・クリック数などの減少が、運用者の設定変更によるものであれば、問題はありませ

ん。このケースではとくに設定を変更していないため、広告の配信量が変わってきているのが把握できるかと思います。運用者は8日に検索連動型広告を強化したことで、インプレッションは落ちたものの、クリック数は増大しましたが、コンバージョンは0件でした。さらに9日よりコンテンツ向け広告を強化したことで、インプレッションが大きく伸び、合わせてクリック数・コンバージョンも取れるようになっています。広告管理は、日々の変動の確認ですから、アカウントに異常値がなけれ

CHAPTER 6 広告を最適化しよう

110

ば、それで変更することなく管理業務は終わります。毎日確認を行うことが理想で、数字に異常値が出た場合は、すぐに対応をしていきましょう。広告設定の変更をした場合はその影響も見ていきますが、そのような意図的な調整以外にも、キーワードや広告が停止してしまったり、広告費の残高が切れてしまったなど、意図しない要因で広告が出稿されなくなることもあります。==いち早く異常値に気が付くことで、広告による損失を最小に抑えられます==。アカウントの変動を毎日確認することが望ましいですが、アカウントが小規模の場合には、日々の数字ではわからないこともあります。チェックの頻度はアカウントに合わせましょう。

03 通販サイトのリスティング広告のデータ

日付	曜日	IMP	クリック数	CTR	広告費	CPC	CV	CPA
12/01	金	44,419	201	0.45%	¥16,969	¥84	0	#DIV/0!
12/02	土	48,837	139	0.28%	¥11,909	¥86	4	¥2,977
12/03	日	35,919	155	0.43%	¥14,464	¥93	3	¥4,821
12/04	月	35,886	113	0.31%	¥10,021	¥89	3	¥3,340
12/05	火	26,327	94	0.36%	¥7,678	¥82	2	¥3,839
12/06	水	25,132	97	0.39%	¥7,511	¥77	1	¥7,511
12/07	木	19,362	99	0.51%	¥7,426	¥75	0	#DIV/0!
12/08	金	16,814	152	0.90%	¥12,238	¥81	0	#DIV/0!
12/09	土	168,083	361	0.21%	¥26,122	¥72	7	¥3,732
12/10	日	160,684	455	0.28%	¥36,637	¥81	5	¥7,327

広告運用は、行った改善施策でどのように数字が動いたかをチェックする

リスティング広告では、ある数字の改善を目指す際にとれる手段は複数あります。**04**はAdWordsの管理画面のグラフです。1つの検索連動型広告パフォーマンスで、青線がインプレッション数、オレンジがコンバージョンになります。現在のAdWordsでは広告文の追加で、インプレッション数やコンバージョンが大きく変動することがあります。この施策の結果は、==広告文を追加した前後でどのように数字が動いているかで確認できま==す。インプレッション数が増え、コンバージョン数も一気に伸びており、改善施策がうまくいった例です。広告運用では、運用者がアカウントに手を入れることで、パフォーマンス改善を目指すことになります。リスティング広告は、数字が可視化されるため、改善が行いやすい広告媒体です。==さまざまな角度から現状の広告を分析し、改善してくことでパフォーマンスは良化していきま==す。

04 AdWordsの管理画面のグラフ

入札単価の調整だけで成果が出ることもある

　リスティング広告では、多くの改善施策がありますが、入札調整の変更のみでもパフォーマンスの向上が見込めることがあります05。「CVが獲得できていて、CPAがよいものは、入札単価を上げてCV増加を狙う」、「CPAが合わないものは、入札単価を抑えてCPAを目標に近付ける」というイメージです。もちろん掲載順位によってコンバージョン率は変わってきますが、仮にコンバージョン率が一定だとすれば、クリック単価を抑えることがそのまま、CPAの向上につながります（P124で詳しく解説します）。

05 入札単価の調整

ボリュームが大きいところは改善したときに大きな成果を生む可能性がある

　06の表で、目標CPAが3,000円だったとします。赤枠は目標CPAに対して悪いため、改善が必要になってきます。しかし、このキャンペーンの改善を頑張って今の広告費で2倍のCVを獲得し、CPA1,732円という数字を達成したとしても、実際のCVは6件しか伸びていないことになります。青枠のキャンペーンでは、目標CPAは達成していますが、CVも43件と非常に多く生んでいます。このキャンペーンを改善して1.2倍のCV数を獲得できれば、全体で見たときにCVは8.6件増になります。ボリュームが大きい部分を改善していくことで、広告のパフォーマンスは大きく変わってきます06。

06 改善する際の見るべきポイント

	表示回数	クリック	クリック率	クリック単価	広告費	CV	CPA	CVR
VW-01 指名検索	67	16	23.88%	¥37	¥598	2.00	¥299	12.50%
VW-02 ビッグキーワード	22,133	611	2.76%	¥210	¥128,300	43.00	¥2,984	7.04%
VW-03 ◯◯◯◯◯+掛合	3,062	175	5.72%	¥235	¥41,177	19.00	¥2,167	10.86%
VW-04 ◯◯◯◯+掛合	1,271	106	8.34%	¥196	¥20,786	6.00	¥3,464	5.66%
VW-05 ◯◯◯◯◯+掛合	299	32	10.70%	¥189	¥6,048	3.00	¥2,016	9.38%
VW-06 ◯◯◯◯◯+掛合	231	20	8.66%	¥121	¥2,410	1.00	¥2,410	5.00%

検索連動型広告でできることは3つ+αしかない

　細かい話をすると、検索リマーケティングや自動化設定、エリアや時間帯の調整なども出てきますが、検索連動型広告でできることは基本的に「入札単価」「キーワード」「広告文」の3つしかありません。+αとして除外キーワードがあります。この3つ+αの設定で、広告パフォーマンスの改善を目指していきます。ある程度キーワード設定も網羅でき、登録する除外キーワードもほぼなくなってきた段階になると、「入札設定」と「広告文」の2つになってしまいます。リスティング広告を運用する際は、シンプルに考えることが成功への近道です。それぞれの設定でどのように数字が動くのかを理解しておくことで、改善施策が見えてきます。

入札単価の調整

　入札単価の調整での影響は07のようになります。入札単価を上げるとクリック数・コンバージョンの増加が見込める反面、クリック単価が上昇してCPAが悪化する傾向があります。逆に入札単価を下げると、クリック数・コンバージョン数は減少しますが、CPAの改善が見込めます。入札単価を上げる場合は、現状での掲載順位を把握をしておきましょう。たとえば平均掲載順位が1.4位のキーワードの入札単価を上げても、クリック数は微増で、平均クリック単価だけが上がってしまうというケースもあります。

　基本的にはCVが取れていてCPAもよいものは入札単価を上げる、CPAが厳しいものは入札単価を下げるというのが選択肢の1つです。注意しなければならないのは、CPAの改善は入札単価の調整以外にも手があります。CPAが合わないキーワードの入札単価を下げていくと、広告の表示数がどんどん減っていき、結果的に全体のCV数が減少していくという負のスパイラルに入ってしまうことがありますので、注意してください。

07 入札単価の調整の影響

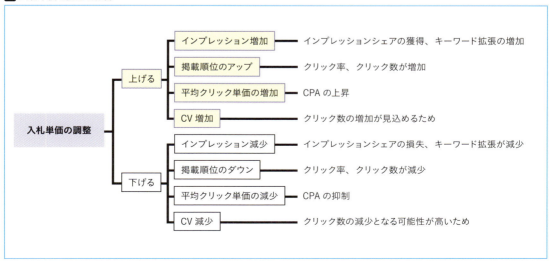

キーワードの調整

　キーワードの調整では08のような変動をします。キーワードの追加に関しては、今まで広告を出稿していなかった検索語句で広告を出稿するため、インプレッション・クリック・広告費・CVの増加が見込めます。CPAに関しては、追加するキーワードによって変わってきます。キーワードの停止は、基本的にはCPAが悪化してしまい、CPAが合わないときに行います。キーワードの停止に関しては、最終手段であり、明らかに不要ではないキーワードに関しては、入札調整や広告文で対応をしていくのが望ましいでしょう。

08 キーワードの調整の影響

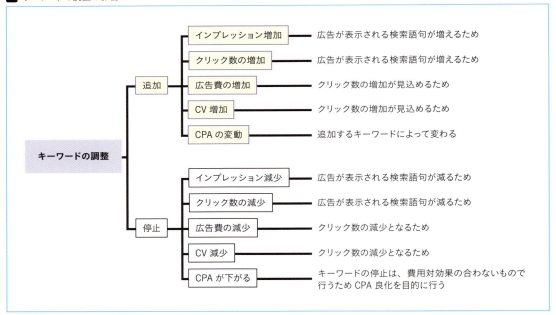

広告文の調整

　広告文を調整すると、すべての数字が変動します09。変動するのは「クリック率」や「CVR（コンバージョン率）」だけと思い込んでいる運用者も多いですが、広告文の調整により、インプレッション数や掲載順位も変わってきます。費用対効果が合わないキーワードがあった場合（明らかにコンバージョンが取れないと判断できる場合は除く）は、キーワードを停止するのではなく、広告文の追加でパフォーマンスの良化が見込める場合があります。キーワードの停止は最終手段です。一度停止したキーワードは、多くの場合は二度と広告を配信することはありません。もし広告文の変更でCPAを合わせながらCVが獲得できたのであれば、キーワードの停止は損失でしかなくなります。

09 広告文の調整の変動

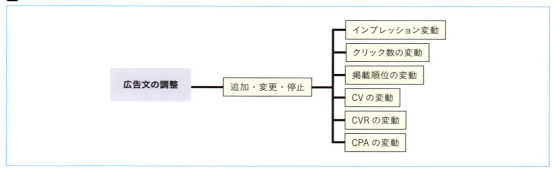

除外キーワードについて

　検索連動型広告で、実際に広告が出稿される検索語句は設定したものだけではありません。実際にユーザーがどのような語句で検索をしたときに、広告が表示されたのかを確認することで、余計な検索語句での露出を見つけることができます。また、設定すべきキーワードにも関わらず、設定が漏れていたキーワードなども発見できます。

　スポンサードサーチでは管理画面から「キーワード」タブを選択して「検索クエリーを表示」10、AdWordsではサイドメニューで「キーワード」を選択して「検索語句」をクリックすることで11、広告が出稿された実際の検索語句を見ることができます12。

10 スポンサードサーチ画面

11 AdWords画面

12 教習所のアカウントの例

「合宿免許」や「ペーパードライバー」などのキーワードでも広告が表示されているが、この教習所では合宿やペーパードライバー教習は実施していないため、除外設定する必要がある

05 アカウント分析をしてみよう

運用編

現状の広告出稿に問題がないかを確認するために行うのがアカウント分析です。本来は業種や広告の出稿状況に応じてさまざまな分析方法が用いられますが、ここではよく見られるアカウント分析のポイントを一例として紹介します。

①コンバージョン目標を改めて確認する

まずはコンバージョンの概要を改めて確認しましょう。筆者はPPCコンサルタントとして活動しているため、多くのアカウントを分析しますが、コンバージョン目標が定まっていないケースが多くあります。中には、サンクスページ・電話コンバージョンを取っているのに、スポンサードサーチの電話コンバージョンだけ設定が漏れていたなどもあります。まずは、==しっかりと測定できている==、==目標としているコンバージョン数、コンバージョン単価を確認しましょう。==

そのうえで注意しなければならないのは、一律でコンバージョン単価を決めてしまってよいのかどうかです。

たとえば**01**のようになっている場合、目標コンバージョン単価は5,000円でクリアをしてますが、全体としての目標だけで問題ないでしょうか？

01 目標と実数を分解した数値

【目標】
広告費：100,000 円
CV 数：20 件
CPA：5,000 円

【実数を分解】
指名検索（店舗名など）
広告費：10,000 円
CV 数：10 件
CPA：1,000 円

そのほかの一般キーワード
広告費：90,000 円
CV 数：10 件
CPA：9,000 円

このようなケースでは、指名検索を除くそのほかのキーワードに対して目標コンバージョン単価を9,000円と定めるべきです。たとえば==広告予算が倍となった場合、==指名検索でのコンバージョン数が倍になることは考えにくいため、そのほかの一般キーワードから増額された広告予算で獲得しにいくことになります**02**。

02 **01**の改善例

【目標】かなり厳しい
広告費：200,000 円
CV 数：40 件
CPA：5,000 円

【実数を分解】現実的にはこれぐらいのイメージ
指名検索（店舗名など）
広告費：12,000 円
CV 数：12 件
CPA：1,000 円

そのほかの一般キーワード
広告費：188,000 円
CV 数：20 件
CPA：9,400 円

もう1点、電話でのコンバージョンが多い場合も注意が必要です。電話コンバージョンは、電話ボタンをタップした時点で測定されますので、実際に電話がつながらなかった場合でもカウントされます。問い合わせフォームからの1件と、電話コンバージョンの1件は同じ価値といえるでしょうか？ また、パソコンを見てから電話してくるユーザーはいないでしょうか？

考え出したらキリがないのですが、運用するアカウントの目的を明確にしなければ、目指すものが変わってしまい判断を誤る可能性があります。たとえば筆者のネイルサロンの場合は「指名検索はほぼないので、目標コンバージョン単価5,000円でOK」という考えで目標設定をしています。細かく設定をする必要はありませんが、どの数字を目標とするかだけは明確にしておきましょう。

②エリア・時間帯でのパフォーマンスを確認する

主に問題がないかの確認です。アカウント設定は人が自分の手で行いますので、ミスが生じることが多々あります。意図したエリア・時間帯で広告出稿ができているかどうか、またエリアや時間帯で大きくパフォーマンスが違う部分がないかを確認します。効率よくコンバージョンが取れるエリアや時間帯があれば配信を強化し、悪ければ抑えるぐらいのスタンスで、現状把握の意味も含めて確認してみましょう。

③デバイスごとのパフォーマンスを確認する

デバイスごとのパフォーマンスを確認してみましょう（AdWordsは「分割して表示」→「デバイス」の順にクリック、プロモーション広告では「表示」→「デバイス」の順にクリックする）。03はコンバージョン単価の目標が3,000円のアカウントですが、キャンペーン単位で見ると目標は達成しているものの、デバイス別に見てみると、パソコンでのコンバージョン単価は1,100円、スマートフォンでのコンバージョン単価は4,636円となってい

ます。この数字を見れば、スマートフォンでの配信がパフォーマンスの足を引っ張っていることが明確になるため、スマートフォンでの改善が必要なことがわかるかと思います。また、パソコンについては掲載順位が2.2位と高めですが、目標コンバージョン単価を大きく下回っているため、入札単価を上げるという選択肢も出てきます。

03 目標と実数を分解した数値

キャンペーン	表示回数	クリック数	クリック率	平均クリック単価	費用	平均掲載順位	コンバージョン	コンバージョン単価	コンバージョン率
001	12,309	945	7.68%	￥104	￥98,751	1.6	39.00	￥2,532	4.13%
パソコン	3,903	195	5.00%	￥118	￥23,090	2.2	21.00	￥1,100	10.77%
フル インターネット ブラウザ 搭載のモバイル端末	7,758	692	8.92%	￥100	￥69,540	1.2	15.00	￥4,636	2.17%

データボリュームが大きいところから見ていこう

　キャンペーン・広告グループ・キーワード・広告、どの階層を軸としても構いませんが、データ量が多いところから改善出来る部分がないかを探していくのが基本です。あまり細かく見てしまうとデータ数が少なくなってしまい、判断を誤る可能性も出てきます。このような場合は、ときにはグルーピングをして判断するのも手段の1つです。たとえば「商品A　安い」というキーワードではボリュームが少ない場合、「商品A　激安」「商品A　格安」なども同じデータとして判断してよいか、あるいは「商品B　安い」なども合算して判断してよいかなど、取り扱っている商品やサービスの特性も考慮しながらまとめられるか考えましょう。

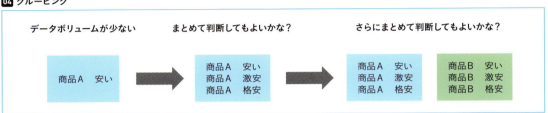

04 グルーピング

狙っているキーワードで広告が出ているかを確認しよう

　データボリュームが大きいところから見ていると見落としがちですが、本来ボリュームが大きいであろうキーワードで入札単価が低い、品質スコアが低いなどが原因で広告が表示されていない場合があります。本来であれば広告を出稿したいキーワードに関して、広告が出ているかしっかり確認しましょう。

パフォーマンスのよい部分・悪い部分を探して考えよう

　アカウント内には、パフォーマンスのよい部分と悪い部分が必ず存在します。しっかりと見極めて考えることで、知見をためていきましょう。

○よい部分を見つけて何がよかったのか考える

　パフォーマンスがよかったものに関しては、「何がよかったのか」を考えることを習慣にしましょう。そのような成功事例を積み重ねることで、よかった部分を応用して横展開ができるようになり、悪かった部分の問題解決にも役立ちます。

○悪い部分を見つけて改善案を考える

　アカウントでパフォーマンスの足を引っ張っている部分を確認し、「パフォーマンスが悪かった原因」を見つけ出しましょう。

　もちろんすべてに答えが見つかるわけではありませんが、いろいろな角度からアカウントを見て、「原因」を追求することが非常に大切です。その過程で身につく知見も多いですし、「原因」が見つからないということも1つの解になりえます。

分析をしている数字が正しいか疑おう

リスティング広告は効果測定がしやすい媒体だからこそ、一時的にパフォーマンスが悪化すると「広告の設定を変えなくてはならないのではないか」と感じてしまうことがあります。たとえば平均で1日10件ほどのコンバージョンが獲得できるアカウントの場合、コンバージョンが多い日は20件取れることもあるでしょうし、少なければ1～2件という日も出てきます。これが、1ヶ月に10件のCVを獲得できるアカウントで考えると、もしかしたら月に1～2件しかCVが取れない月が出てきてもおかしくありません。数字は必ず「ブレ」が生じるものであることは理解しておきましょう。

数字に興味を持とう

05は一例となりますが、「何をどのように変更したら、どうなるのか」ということを、常に吸収できる運用者を目指しましょう。アカウントの改善部分を見つけ、改善施策をうったら、そのまま放置せず、絶対に結果を確認しましょう。改善をするということは、自分の中で「数字がどのように動くのか」ということを事前に予測しているはずです。その結果を見て、よかったのか・悪かったのかの答え合わせをしっかりとしなくてはなりません。

改善施策のすべては、パフォーマンスを上げるために行うものですが、逆にパフォーマンスが悪化してしまうということもよくあります。その経験を積み重ねることが運用力を高めることにつながっていきます。

05 検索連動型広告の運用例

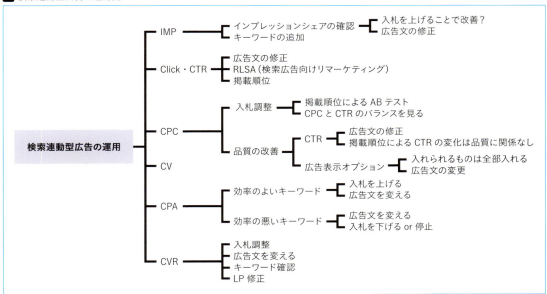

06 広告のABテストをしよう

運用編

広告のABテストとは、「広告A」「広告B」といった2種類以上の広告を表示し、結果を比較してどの広告がよかったかを検証するテストです。複数の候補からよりよい広告に最適化していくうえで欠かせない手法です。

広告グループには複数の広告を入れよう

まず、広告グループとキーワード・広告の関連性をおさらいしましょう。広告グループに入っているキーワードで広告が出稿されると、そのキーワードが登録されている広告グループ内の広告のいずれかが出稿されます。システム的な精度の問題はありますが、プロモーション広告・AdWordsともに、その検索語句が発生した際にユーザーにとって魅力的な広告を選択し、広告を出稿してくれます（正確にはオークションに参加します。また、設定で各広告を均等にオークションにかけることも可能です）**01**。つまり、複数の広告を入れておくことで、システムが最適なものを選択してくれるため、広告は1つではなく複数個を設定しておくべきということになります。複数の広告を設定することで、データが分散してしまったり、運用者の目から見て明らかにパフォーマンスが悪い広告が出稿されたりすることもありますので、設定する広告が多ければよいわけではありません。アカウントの構造や規模によっても変わりますが、最低でも各広告グループに3つほどの広告を設定しておくことをおすすめします。

01 広告が出稿される例

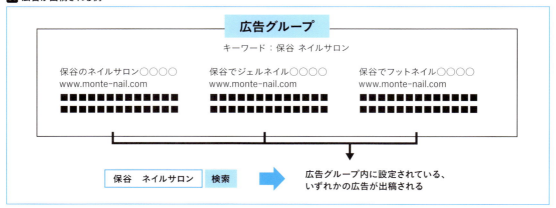

広告の追加や編集で動く数字

リスティング広告の各数字は、複雑に絡み合っています。広告の追加や編集をすると、02のようにさまざまな数字が動きます。このように「広告」の変更はパフォーマンスに大きな影響を与えうることは覚えておきましょう。追加で設定をしても数字がほぼ動かないこともあり、広告の変更だけで驚くほど成果が高まるケースもあります。費用対効果が合わないキーワードに対しても、単純に「入札単価を下げる」や「キーワードを停止する」という考え方だけではなく、広告の変更で費用対効果が合うような調整を目指すことが重要です。

02 広告の調整の影響

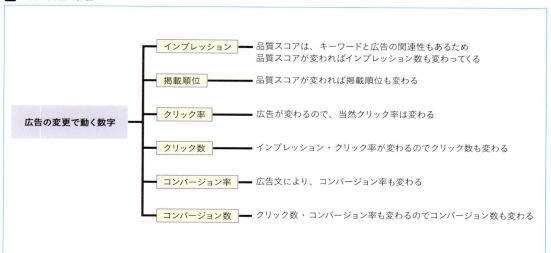

広告は異なるものを設定しよう

広告文を複数設定する場合、タイトル1とタイトル2を入れ替えたり、いい回しだけ少し変えたりといった微調整ではなく、異なるものを設定するようにしましょう。たとえば筆者が「PPCセミナーを開催する」とした場合、03の2つの広告は、どちらがクリック率が高く、どちらがコンバージョン率は高くなるでしょうか？　大切なことは、設定した段階で予測することです。広告を出稿すれば、その解が数字として出てきますが、このような試行錯誤の繰り返しで、どのような広告を作ればどのように動くかの知見が自然と身に付きます。

03 2つの例を比較する

PPC広告セミナー6月10日＠新宿
－初心者が1日で基礎を身につける
www.valword.jp

失敗しないPPC広告を学ぶ
－事例から見る実践的な広告運用
www.valword.jp

オーソドックスなABテストを行う順番

　広告を作成する際、まず「何を訴求するか」を決めます。現在の広告は、タイトルが半角30文字×2と、非常に多くの文字数が使えるため、1つの広告文に複数の訴求を入れ込むことはできますが、「何を訴求するかの優先順位」は決めましょう。もちろん、事前に仮説を立てて「うちの強みは○○だからそれを伝えよう」と考えるでしょうが、実際に広告を出してみると、ユーザーに響く訴求は違うこともあります。まずは訴求ごとにテストをしてみましょう。

04 ネイルサロンのABテストの例

　04のそれぞれの訴求で広告文を作り、どの広告がパフォーマンスがよいかを確認しましょう。そして、どの訴求がユーザーに響くかを確認したら、その訴求で違ういい回しの広告を作成しましょう**05**。日本語では、同じような意味でもいろいろな表現方法がありますので、さまざまな広告のバリエーションを作成できるはずです。

05 違ういい回しの広告作成

広告を作成するときは、必ず検索結果を見ながら作る

　検索連動型広告は、検索した際に自社の広告のみが表示されるわけではありません。競合の広告が出ている可能性もありますし、広告は自社だけだとしても、検索結果としてさまざまなサイトが表示されます。たとえば、東京のビジネスホテルを営む広告主が、「うちは1泊4,000円で安いから価格訴求をしよう」と決めて広告出稿をした場合、もし競合がそれを下回る金額で広告を出稿していたらどうでしょうか？　もちろん価格だけでなく、Webサイトを見て比較検討するユーザーが多くいる可能性が高いですが、広告だけを比較するならば、**06**の広告でどちらがよいかは一目瞭然です。ユーザーニーズを汲み取ると同時に、競合に負けない広告を作成する必要があります。

06 検索結果を見ながら比較する

東京のビジネスホテル／1泊 4,000 円
www.sample.com

東京のビジネスホテル／1泊 3,800 円
www.sample.com

ときには奇抜な広告文を追加してみよう

リスティング広告の広告は、「検索したキーワードを含める」ことと、「ユーザーニーズがあり競合に負けない訴求をする」ことで、安定した高いパフォーマンスを出すことができます。ただし、筆者の経験上、パフォーマンスが突き抜ける広告は、そのルールに従わないケースがあることも事実です。たとえば弊社が販売している「手汗対策クリーム」での広告タイトルで、いちばんクリック率・コンバージョン率が高いものは「俺の手汗、何とかならない？」というものです。初回分は無料でお送りしているので、通常であれば「無料で試せる」というよ

うな訴求になりますが、成果がよいものは「俺の手汗、何とかならない？」なのです。その次にパフォーマンスがよい広告は「手汗ちゃんサヨナラ」という広告文です。このような広告文は、高いパフォーマンスが出ることもあれば、驚くほど成果が悪いケースもあります。もちろん広告文を作成するときは真剣に考えるべきですが、ときには少し遊び心をもって広告文を作成することも重要です。リスティング広告を運用するうえで、楽しみながら行うというのもよい結果を出すためには必要だと考えています。

07 少し変わった広告文の例

俺の手汗、何とかならない？
男のための手汗対策
www.sample.com

■■■■■■■■■■■■
■■■■■■■■■■■■

手汗ちゃんサヨナラ
やっと見つけた手汗対策
www.sample.com

■■■■■■■■■■■
■■■■■■■■■■■

手汗で悩んでるのは私だけ？
彼氏と手をつなぎたい
www.sample.com

■■■■■■■■■■■■
■■■■■■■■■■■■

やっと見つけた
とっておき手汗対策クリーム
www.sample.com

■■■■■■■■■■■■
■■■■■■■■■■■■

広告グルーピングの重要性

リスティング広告において「広告」の重要性が高まってきたこともあり、その「広告」を最大限活用するためには広告グルーピングが重要になってきます。広告データを集めることを考えれば、広告グループが少ないほど、データは溜まりやすく、それぞれの広告による集計も手がかかりません。もちろん、広告グループ内に設定したキーワードに応じて広告が配信されるため、キーワードとズレのある広告を同一の広告グループにまとめるのは

望ましくありません。ですが、あまりに細かく分けすぎることも、自動化・機械学習に必要なデータが分散してしまうためメリットがほぼなくなりつつあります（自動化・機械学習についてはP164参照）。おすすめとしては、ある程度グルーピングをしながら、運用者が運用しやすい構造にするのがよいでしょう。

07 入札単価を調整しよう

運用編

P112でも触れましたが、入札単価の調整で大きな成果を出せることがあります。そのためには「なぜ入札単価を変更するのか」、「変更した結果、数字がどう変わったか」という理由と結果をしっかり把握しましょう。また、入札単価でもABテストが重要になるので、しっかり押さえておきましょう。

キャンペーンの1日上限予算について

キャンペーンには1日の上限予算を設定できます。ですが、入札単価の自動調整を行わない場合は、1日の予算よりも入札単価で広告費を調整した方が費用対効果を高めやすくなります。単に予算管理の面だけを考えれば、1日の上限予算を基準に運用した方が安定しますが、予算に達したあとは広告が出なくなり、機会損失が生まれます。

それよりも1日の上限予算を2〜3倍に設定して、入札単価の調整で予算をコントロールすれば、インプレッション損失を防げます。入札単価を抑えて平均クリック単価が下がるように広告を出しても、結果的に同額の広告費で運用できます。掲載順位によってコンバージョン率も変わりますが、仮にコンバージョン率が同じなら、平均クリック単価が下がれば、コンバージョン単価は良化する計算になります。より高い費用対効果を目指す場合は、入札調整で日々の予算コントロールをしましょう。

入札単価を変更することで変わる数字

入札単価を調整することで、**01**のようにさまざまな数字が変動します。多くの場合は、「費用対効果のよいキーワードだから入札を上げよう」、「費用対効果が悪いから入札を下げよう」というイメージで運用者は調整するでしょう。基本的にはその考え方で間違いはなく、パフォーマンスは良化します。ただし、入札調整だけでさらに大きな成果を出せるケースも多くあります。その背景にあるのは「掲載順位」と「クリック単価が決まるしくみ」です。「掲載順位」に関しては、掲載位置でクリック率が大きく変わることもあれば、実はさほど変わらないケースもあります。

「クリック単価が決まるしくみ」については、リスティング広告の広告費は広告ランクによって算出されますが（P016）、個々の競合の広告ランクとの比較となるため、掲載順位を1つ下げるだけでクリック単価が大きく下がるケースもあるのです。その見極めができれば、入札調整によって大きな成果を出すことができるケースが出てきます。広告同様、入札単価でもABテストを行うことができます。

01 入札単価調整と変動する数字

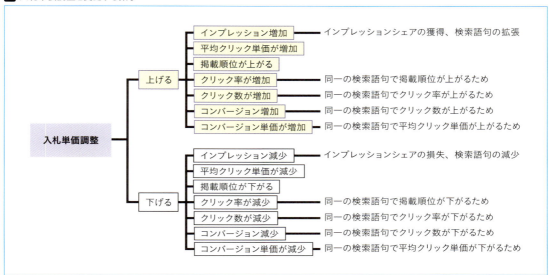

掲載順位が変わっても、クリック率が大きく変わらない事例

　某車両販売店（乗用車ではない車両）の広告の例ですが、当時広告を出稿していたのは、その企業と大手企業の2社しかありませんでした。こちらは専門店で、競合となる大手は総合の車販売店です。当時、その専門店は、メインとなる完全一致のキーワードで1.1位の掲載順位でした。実際の検索結果を見ると、大手と2つの広告が並ぶわけですが、仮説として「ユーザーは大手が気になるのであれば、1位掲載でも2位掲載でも大手の広告をクリックするだろう」と考えました。テストとして入札単価を下げた結果、1.1位掲載だった場合はクリック率が17.32％、1.6位の掲載にしたら16.58％という結果になりました。ほぼ仮説通りのクリック率となり、平均クリック単価は49円から25円まで抑えることができました。クリック率は若干落ちたものの、平均クリック単価が約半分になったことを考えれば、どちらがよいかは一目瞭然です。入札単価の調整でここまで変わってくるケースがあることを知っておきましょう **02**。

02 クリック率は変わらない事例

掲載順位が高い場合は、注意が必要

前述の通り、掲載順位を下げることで大幅に平均クリック単価が落ちる場合があります。とくに掲載順位が1.5位以上の場合は、大きく変動するケースが多いため、入札調整のテストをしてみましょう。

もちろん掲載順位が下がることで、クリック率が落ちることも予想されます。平均クリック単価とクリック率のバランスを見ながら、適切な入札調整をしていきましょう。

注意点としては、ビジネスモデルによって、複数のWebサイトを比較せずに、1サイトでコンバージョンが多く発生する場合があります。そのような場合は、掲載順位によってコンバージョン率が大きく変わってしまうので、十分に注意が必要です。目的は平均クリック単価を抑えることでも、クリック率を上げることでもなく、広告の費用対効果を上げることなので、目的から離れないよう意識しておきましょう。

上部に広告が掲載されるような入札調整

検索連動型広告の広告掲載枠は、検索結果のページ上部とページ下部に表示がされます。右画像は上部に広告枠が4つあり、下部に広告枠が3つあります 03 。この場合、掲載順位が4位と5位とでは、クリック率が大きく変わってくることは容易に想像できるかと思います。

広告掲載枠の数は、同一の検索語句であっても変動しますが、掲載順位が5位前後と3位前後の場合は、大きくクリック率が変わってくることがよくあります。こちらも平均クリック単価とクリック率のバランスを見ながら調整が必要とはなりますが、ある程度、掲載順位を狙いながら入札調整をするもの有効な手段の1つです。

03 広告枠の順位と位置

入札単価でも AB テストを実施してみよう

入札単価でも調整の仕方によって大きく結果が異なります。大切なのは「どう動いたのか」という結果をしっかりと見ることです。掲載順位や平均クリック単価のみではなく、コンバージョン率もしっかりと追いましょう。

また、これまでに紹介したような変動を頭に入れておくことで、入札調整で目指すことに幅をもたせられます。あくまでパフォーマンス改善のために入札単価を調整するという目的は忘れないようにしましょう。

COLUMN

AB テストの変動はしっかりと把握する

リスティング広告の運用において、ABテストは非常に重要です。「広告」や「入札単価」だけではなく、「ランディングページ」でもABテストはよく行われます。ABテストの目的は、パフォーマンスの向上です。「何をして、結果がどうなったのか」を確認しないと、仮に成果が出たとしても、その「要因」が把握できません。

パフォーマンスを一気に改善したい場合は、広告も入札単価もキーワードも一斉に調整しがちですが、一気にいろいろな設定を変更すると、「何がよくて、何が悪かったのか」が見えなくなってしまう場合があります。状況に応じてテストの方法は変わりますが、期待しているパフォーマンスがある程度出ている場合、要素ごとにテストを行うことで、結果が見えやすくなります。

現在では、広告を変更するだけでも掲載順位が変わることが多く、広告と入札額を同時に変更してしまうと、どちらの変更が有効なのかが判断できなくなるというイメージです。また、ABテストを継続的に実施することは、PDCAサイクルを回していくことでもあります（PDCAサイクルの回し方はP154参照）。

施策の目的を明確にすることで、ABテストの回転率が上がりますので、広告アカウントの成長も一気に早まります。たとえば、入札調整によってクリック率・平均クリック単価がどの程度変わっていくかは、対象となるキーワードの検索ボリュームによっても異なりますが、たいていの場合は1日あれば判断できます。1日でクリック率・平均クリック単価が判断できれば、期待する結果が出なければ1日でテストは終わりますし、そこからコンバージョン率も見ていくのであれば、テスト期間をどれくらい延ばせばよいかの見当もつけやすくなります。

リスティング広告の運用で設定を変更することは、大げさにいえば「すべてがテスト」です。仮説立てと検証を繰り返し、より高いパフォーマンスの出せる広告アカウントへ成長させていきましょう。

08 目的から考える最適化

運用編

最適化の目的は広告のパフォーマンスの向上ですが、単に現状の予算で成果の最大化を目指すだけでなく、それ以外の目的で施策を考えることもあります。ここではコンバージョン単価の変動への対策や予算の増減に関するポイントを見てみましょう。

コンバージョン数が減って、コンバージョン単価が悪化した場合

運用者のいちばんの悩みである「コンバージョン数が減って、コンバージョン単価が悪化する」ということは、リスティング広告を運用していれば、必ず経験をします。改善施策やアカウントの分析を行う前に、「なぜそうなったのか」ということを考えてみましょう。**01**に6種類の要因を書き出しました。これ以外の可能性もありますが、いったんこの6つで考えてみましょう。

01 可能性のある6種類の要因

> ①新規で競合が参入してきた
> ②競合がキャンペーンを始めた
> ③競合の広告文が変わった
> ④自社広告で流入したキーワードが変わった
> ⑤自社の広告文を変更した
> ⑥たまたまコンバージョンが出ていないだけ

○各要因を検証していく

①〜③に関しては、競合確認をしていれば把握できます。検索連動型広告は、常に競合との比較が前提となる広告媒体なので、競合に動きがあれば、パフォーマンスが変動することは多くあります。とくに、強い競合が参入してきた場合、平均クリック単価が一気に上がってしまいかねません。

④は自然に流入キーワードが変わる場合もありますが、よくあるのは予算が変更となり、今までコンバージョンを効率よく獲得したキーワードの入札単価を抑えたことから、本来出すべきキーワードでの広告出稿が減ってしまったケースです。⑤は運用者が自身で変更をした要素ですから、広告のパフォーマンスを確認すれば、すぐに要因を突き止められます。

問題なのは①〜⑤に該当せず、⑥しか選択肢がないような状況です。「競合は変わっていない」「流入させているキーワードも変わっていない」「流入をさせている広告も変わっていない」という状況の中で「コンバージョン数が減って、コンバージョン単価が悪化する」となってしまった場合、運用者としてはどうすべきでしょうか？改善点を見つけて、対応していくことは必要ですが、今まで好調だった場合には「もう少し様子を見る」というのも選択肢の1つになることを覚えておきましょう。

たとえば、1ヶ月単位で数字を見たときに、月に1,000件のコンバージョンが獲得できていたものが500件になったのであれば、早期対応が必要になるでしょう。ですが、月に10件のコンバージョンが5件となった場合なら、「本当にたまたまパフォーマンスが悪かった」ということも十分に考えられ、何もしなくても翌月にはパフォーマンスが回復することも十分にありえます。

広告予算を減らしたい

　広告予算を減らしたい場合、運用者が出すべき結果は「極力コンバージョン数は減らさずに、コンバージョン単価を下げる」ことです。予算を減らすということは、現状の広告出稿の状況から、平均クリック単価を抑えつつ、CVRを一定に保てれば、平均クリック単価の減少率がそのままコンバージョン単価の減少率になります。1日の上限予算をただ減額するだけでは平均クリック単価は変わらないので、単純に計算すると、広告費を半分にすればコンバージョン数も半分になってしまいます。予算を減らす場合、どのキーワード（広告）を抑えるべきかを考えながら調整していくことで、02のような結果を出すことも可能です。全体を下げるよりも、どの部分の入札単価を抑えていくべきかを明確にする必要があります。全体なのか、Yahoo!やGoogleという媒体単位で考えるのか、はたまたデバイス単位で考えるのか。掲載順位も、上位掲載を維持するためには、どのぐらいの入札単価にしなければならないのかなど、考えられる施策は多くありますので、仮説を立てながら調整していきましょう03。

02 予算を減らす場合の結果例

【変更前】
広告費：427,270 円
クリック率：10,438
平均クリック単価：41 円
CV数：458
CPA：932 円
CVR：4.38%

→

【変更後】
広告費：251,012 円
クリック率：8,608
平均クリック単価：29 円
CV数：379
CPA：662 円
CVR：4.40%

03 考えられる施策

希望のコンバージョン単価で、広告費がいくら使えるか知りたい

　リスティング広告では、費用対効果が見やすいことから、広告のパフォーマンスがよくなると「コンバージョン単価が○○円以下であれば、広告費はいくら使ってもよい」というオーダーがくることは珍しくありません。ただし、検索連動型広告は「ユーザーの検索があって初めて広告が出せる」広告媒体なので、広告費を使いたくても使えない状況もあります。また、前セクションで触れたように、掲載順位を上げることでクリック率以上に平均クリック単価が高騰してしまい、コンバージョン単価が高騰してしまうケースもあります。

　このような場合、コンバージョン単価の達成は第一条件として、効率（クリック率と平均クリック単価のバランス）をある程度保ちつつ、試験期間を設けて広告を強化してデータをとることで、どれくらいの広告費がMAXになるかが見えてきます。

　このデータは非常に重要なりますから、依頼者と相談の上、3日～1週間ほど、かなり広告を強めて配信してみてもよいでしょう 04 。

04 広告費がいくら使えるか知るための選択肢

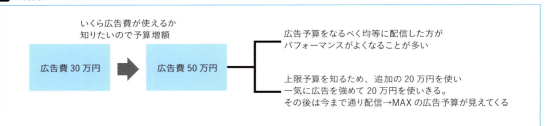

広告費を増やしたい

　広告予算を増やしたい場合、運用者が出すべき結果は「できる限りコンバージョン単価は維持しながら、コンバージョン数は増やす」ことです。ですが、増やす広告費にもよりますが、入札単価の調整だけでは希望の広告費・コンバージョン単価にならないケースが出てきます。

　その場合は、さらなる改善が必要で、広告の追加・修正などにより、平均クリック単価を極力上げずに、クリック数を増やす必要が出てきます。広告をうまく改善すれば、クリック率やクリック数に加え、コンバージョン率も変わってきます。

　また、入札単価の調整のみで対応できる場合は、翌月も増額分の広告費を使うことができますが、広告文の改善が加わる場合、施策の良し悪しの判断に時間が必要になる可能性もあります。

　また、現状でも掲載順位が高く、これ以上入札額を高めようがない状況で広告費を増額する場合、広告の改善によりクリック数を向上できる可能性はありますが、運用者目線から見て「それだけの広告費を使って目標のコンバージョン単価内で運用する」ことが現実的でなければ、検索連動型広告以外の手段を考えるべきです。リスティング広告や現在の広告環境を把握していない上司やクライアントは、「広告予算が使いきれない」という事態を理解できていないケースもあります。広告運用者目線で伝えなければならないことは、しっかりと伝えましょう。

CHAPTER 7

より高いパフォーマンスを出すために

本章では、広告運用の担当者としてステップアップするためのポイントを解説していきます。リスティング広告を成功させる根本である「誰に何を伝えるのか」「改善点をどう見つけて対応するか」を考える方法論や、一歩進んだ運用に必要なスキルについて紹介します。

01 3C分析をしよう

運用編

3C分析とは、「顧客・市場（Customer）」、「競合（Competitor）」、「自社（Company）」の3つの視点から現状を分析する手法です。ユーザーニーズや、競合の状況を把握することで、出稿すべきキーワードやどのような広告の訴求がよいかが見えてきます。

3C分析とは

3C分析とは、外部環境や競合の状況から事業のKSF（Key Success Factors：成功要因）を導き出すフレームワークです。3Cとは、「市場・顧客（Customer）」「競合（Competitor）」「自社（Company）」の頭文字です **01**。リスティング広告は競合と比較されることが多い広告媒体です。集客を考えるうえで「比較される」ということを前提として考える必要があります。3C分析をすることで、リスティング広告において非常に重要なポイントである「誰に何を伝えるべきか」が明確になってきます。「誰に何を伝えるべきか」がわかることで、よりよい広告の設計ができるようになります。

01 3C分析とは

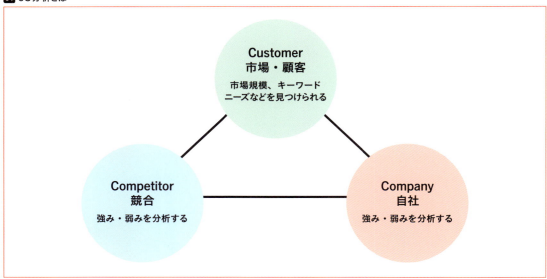

3C分析をする理由

　筆者のような代理店の場合、リスティング広告を運用するうえで、いちばん難しいことは「広告主のビジネスモデルを理解すること」です。リスティング広告は広告メニューやターゲティングこそ多いものの、運用については非常にシンプルで「改善点を見つけて、改善をしていく」というものです。さらにいってしまえば「誰にどのような広告を出すか」に過ぎません。広告運用者によって成果が大きく変わるリスティング広告ですが、運用スキル以上に「広告主に寄り添うこと」が大切だと筆者は考えています。そのためには分析が必要であり、リスティング広告においては3C分析が非常に相性のよい分析方法だと思います。

　また、自社で広告運用をする場合でも、自社と競合との比較やユーザーニーズにズレがあることも考えられるので、3C分析をすることで今まで以上に市場における自社のポジショニングが見えてきます。また、3C分析の結果があれば、Webサイトの改善にも役立てられます。

　本来であれば、3C分析をしてからリスティング広告のアカウント設計をしたほうが、広告スタート時から高い費用対効果を見込むことが可能です。また、3C分析を事前に行っておくことで、広告改善の次の一手が見えてくるため、アカウント改善のスピードを上げることができます。

3C分析を行うことでビジネスを作ることもできる

　02のサイトは筆者が、独立してすぐに運営していた「ユニフォーム型キーホルダー」を作成するWebサイトです。このビジネスにおいては、スタートする前から「利益がどれぐらい取れるのか」がわかってスタートしています。3C分析を行い、ユーザーのニーズ「安い」「かんたん」「台紙などにもこだわってほしい」などがわかっており、価格は最安値で出しても十分に利益が見込めること、検索ボリュームからアクセス数を算出することで、スタートする前から「ある程度うまくいく」ことが見えていました。そこから材料を仕入れ、Webサイトを作り検索連動型広告のみで集客をしました。

　このように、3C分析によって、自社のポジショニングやとるべき戦略が見えてきます。ビジネスの戦略が明確になれば、広告の運用のみならず、Webサイトの内容の見直しやゴールが適切なのかも判断できるようになるでしょう。

02 3C分析を行ったWebサイト

02 3C分析①
Customer：市場・顧客の分析

運用編

市場・顧客分析をすることで、市場規模やユーザーのニーズが見えてきます。ここでは、実際にどのようにして分析していくかを、ツールなどを使用して紹介します。また、Q＆Aサイトを利用した市場確認もしてみましょう。

ツールを使って検索ボリューム・クリック単価を把握しよう

あくまでツール上での数字のため、実際に広告を出稿した場合とは数字が変わってくる場合もありますが、ある程度の予測は立てることが可能です。AdWordsの「キーワードプランナー」01、スポンサードサーチの「キーワードアドバイスツール」02を使って、検索ボリュームを調べてみましょう。両ツールとも、キーワードを入力すると検索ボリュームやクリック単価などを広告出稿前に把握することができます。また、キーワードの検索ボリュームのみではなく、新しいキーワードを見つけられることもあります。

01 キーワードプランナー

AdWordsの管理画面から、🔧→「キーワードプランナー」の順にクリックして画面を表示します。

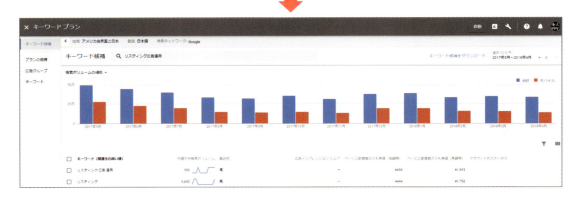

02 キーワードアドバイスツール

スポンサードサーチ画面から、「ツール」→「キーワードアドバイスツール」の順にクリックして画面を表示します。

03 は商品数が多いWebサイトなので軸となるキーワードが多いですが、イメージとしてはこのような感じで整理をしていきます。それぞれのキーワードの検索ボリュームと推定のクリック単価が把握できますので、このあと進めていく競合・自社分析をすれば、どのキーワードで広告出稿をしていくかを事前に決めてることができます。おおよその広告予算も見えてくるため、予算組みもしやすくなります。

03 商品数の多いWebサイト例

ビッグキーワード	月間ボリューム	Competition	推奨入札単価	クリック数（2%計算）	月間予算	優位性	○の予算
キーワードA	1,000,000	0.01	39	20,000	780,000	△	
キーワードB	90,500	0.75	71	1,810	128,510	×	
キーワードC	40,500	0.07	152	810	123,120	△	
キーワードD	27,100	0.02	50	542	27,100	△	
キーワードE	14,800	0.18	464	296	137,344	×	
キーワードF	12,100	0.05	10	242	2,420	△	
キーワードG	12,100	0.11	251	242	60,742	△	
キーワードH	6,600	0.14	540	132	71,280	◎	71,280
キーワードI	5,400	0.39	479	108	51,732	△	
キーワードJ	3,600	0.04	39	72	2,808	△	
キーワードK	2,900	0.23	237	58	13,746	△	
キーワードL	2,400	0.33	308	48	14,784	◎	14,784
キーワードM	1,900	0.18	236	38	8,968	◎	8,968
キーワードN	1,900	0		38	0	△	
キーワードO	1,900	0.25	415	38	15,770	◎	15,770
キーワードP	1,600	0.12	107	32	3,424	△	
キーワードQ	1,000	0.07	15	20	300	×	
キーワードR	720	0.04	208	14	2,995	×	
キーワードS	720	0.05	158	14	2,275	△	
キーワードT	590	0.12	97	12	1,145	△	
キーワードU	390	0.03	1	8	8	○	8
キーワードV	210	0.04	31	4	130	○	130
キーワードW	10	0.27	143	0	29	○	29
		月間→		24,579	1,448,630		110,969

複合で見た場合	複合のみの予算目安
複合A	23,605
複合B	34,271
複合C	6,379
複合D	5,155
複合E	51,325
複合F	1,859
複合G	20,465
複合H	37,743
	180,803

競合
https://www.example1.com
https://www.example2.com
https://www.example3.com
https://www.example4.com
https://www.example5.com
https://www.example6.com
https://www.example7.com

02 3C分析① Customer：市場・顧客の分析

135

ニーズを汲み取るしくみを作ろう

ビジネスを営んでいれば、ユーザーが何を求めているかある程度把握ができているかと思います。そのほかにも、できる限りユーザーのニーズがわかるものがあれば一度整理をしましょう。

たとえばアンケートを取っているのであれば、アンケートを見直してみましょう。「なぜ注文をすることを決めたのか」ということを知ることが大切です。「こんな悩みを解決したかった」「購入したら〇〇になると思ったから」「なぜ他社ではなく、うちの商品を選んだのか」など、購入前の段階で決め手になった要素を把握しておきましょう。また、購入後に「期待よりも〇〇がよかった」と

いった感想もあれば、それも集計しておきましょう。電話で成約に結び付けるようなビジネスの場合は「成約しなかった理由」を聞き出せれば、自社に不足している部分が見えてくるかもしれません。そのほかにも、メールや電話などでもらう質問などもピックアップしておくとよいでしょう。

また、経営者や集客担当者が考えている顧客ニーズと、営業など現場で考える顧客ニーズが違う場合もあります。他部署であっても時間を作り、「自社の顧客は何を望んでいるのか」という話し合いをすることで、今まで見えてなかった部分が見えてくる場合があります。

Q&Aサイトを見てみよう

Q&Aサイトとは、「Yahoo! 知恵袋」や「教えて! goo」「OKWAVE」など、利用者が質問を公開し、回答を募って疑問を解消するWebサイトです。ビジネスモデルにもよりますが、Q&Aサイトには、多くのユーザーニーズ

とキーワードが見つかる場合があります。たとえば「手汗対策」でQ&Aサイトを見た際の投稿には **04** **05** **06** のようなものが出てきます。

04 Q＆Aサイトの投稿I

手汗についてです。自分は5年くらい前から手…

f シェア **y** ツイート **B!** はてブ　　★ 知恵コレ

ID非公開さん　　　　　　　　　2017/11/26 14:39:59

手汗についてです。自分は5年くらい前から手汗に悩んでいます。お風呂の後や、ふと気づいたときなど、出ていないときはサラサラなんですが、<u>出る時が本当にひどくて、紙がシワシワになったりひどい時には色が変わるレベル。机に手をつくと水滴が残るレベルです。</u>
いろいろ調べて、ツボを押してみたりあまり気にしないといった感じでやってきましたが一向に治りません。
完全に直すのは無理だとしても、<u>せめて支障がないレベルには出来ないか</u>と思っています。
何か方法があれば教えてください。

05 Q＆Aサイトの投稿2

たった3つの投稿ですが、この投稿の中にはさまざまな情報が入っています。この投稿はQ＆Aサイトで「手汗」と検索した結果の投稿です。赤線を引いた部分をまとめると、07のようになります。これだけでも、ユーザーのニーズやキーワードが見えてくるでしょう。エステサロンであれば「初めてエステサロンへ行く人の店選び」や「どんなことを求めているのか」なども把握することが可能です。

06 Q＆Aサイトの投稿3

07 3つの投稿のまとめ

【シーン】		【手段】
・紙がシワシワ ・机に手をつくと水滴が残る ・季節関係なく ・スマホをいじってる	・手をつなぐ ・恥ずかしい ・書類を渡すとき ・ネイルサロン	・ツボを押す　・ボトックス注射 ・手術　　　　ー副作用が気になる

【希望】
せめて支障がないレベルー完全に止めたいわけではない

💡 そのほかにも、情報収集する方法はたくさんある

たとえば、まとめサイト（NAVERまとめ）や類似商品のAmazonレビューなどでも情報を収集できます。広告運用の際に顧客ニーズの把握を不十分に感じたら、さまざまな手段を利用して情報を集めましょう。

137

03

運用編

3C分析②
Competitor：競合の分析

検索連動型広告で広告を出稿する際、多くの場合が自社の広告のみではなく、競合の広告と一緒に検索結果に出稿されます。ユーザーのニーズに合わせて、自社の強みを訴求した広告であればよいというわけではありません。競合のことをしっかりと理解しておきましょう。

どのような競合がいるかを把握しよう

競合を知ることは大切です。たとえば、筆者が「リスティング広告を活用したい」という依頼をいただいた外壁塗装の事業主の方は、これまでWeb集客を実施したことはなかったそうです。この方に自社の強みを聞いてみると、「うちの職人は腕がよいから仕事の質には絶対の自信がある。価格もほかより圧倒的に安いよ」とのことでした。では、そのまま広告を出稿すればうまくいくでしょうか？

実際にWeb上で調べてみると価格はいちばん安いところの2倍ぐらいでした。おそらく、いろいろな競合と比較をしてもかなり高い金額です。では、なぜこの方は「うちは安い」と思ってしまっていたのでしょうか？ 外壁塗装の新規顧客を獲得する場合、Web集客以外にもポスティングや訪問販売などの手段があります。とくに訪問販売の場合は金額が高いことが多いようで、そのような方から問い合わせが来ると「非常に安い」といっ

てもらえるそうです。

このようなことは珍しくなく、競合のことをよく知らない事業主がいることも事実です。検索連動型広告は、比較されることが多いため、何も考えずに広告を作成してしまうと、P122でも紹介したように **01** のようなことが起こってしまう可能性があります。

では、競合よりも金額が安ければよい広告となるでしょうか？

外壁塗装という業種の場合、「複数社から見積もりをとって比較させてくれるサービス」を営む事業者もいます。そのような事業者の広告と同時に表示されることを考えると、価格訴求の広告がはたして最適でしょうか？

自社と競合のポジショニングだけでなく、仲介やあっせんなど、代替となる事業も競合となります。競合・自社分析をすることで、「どの部分で勝負をしなくてはならないか」を見つけていきましょう。

01 検索連動型広告の悪い例

東京のビジネスホテル／1泊 4,000 円	東京のビジネスホテル／1泊 3,800 円
www.sample.com	www.kyougou.com

比較できる表を作成しよう

競合と自社のビジネスモデルを比較できる表を作成すると、分析しやすくなります。表の項目に関しては、広告主のビジネスモデルに合わせて作成しましょう**02**。情報はすべてWebサイト上のもので構いません。市場調査をした際に、ユーザーのニーズは把握できているかと思いますので、重要そうなものは項目に入れておきましょう。自社の項目を入力する場合は、競合と同じ条件になるように、Webサイトを見ながら記入をしていきます。自社の強みや弱みを把握していると、ついついWebサイトを見ずに記載しがちですが、実際には強みの1つがWebサイトに掲載されていなかったり、かなり深い階層まで見に行かないとわからないという場合もあります。Webサイトを基準に選ぶユーザーと同じ目線で記載していきましょう。

02 ビジネスモデルに合わせた表の例

	サイト・商品名	URL	広告文	キャッチコピー	価格	立地	特徴	強み1	強み2	弱み1	弱み2
自社	モンテネイル	http://monte-nail.com									
競合	サロンA	http://〇〇〇-nail.com/									
	サロンB	http://〇〇〇-nail.com/									
	サロンC	http://〇〇〇-nail.com/									
	サロンD	http://〇〇〇-nail.com/									
	サロンE	http://〇〇〇-nail.com/									

競合サイトをチェックする時に使ってもらいたいツール

競合のWebサイトを確認する際、広告をクリックすると広告主に広告費がかかってしまいます。本来、リスティング広告は集客のために活用すべきものですから、筆者はいち運用者として、分析のために他社の広告をクリックすることを推奨できません。

株式会社シャーロックが、広告費をかけずに広告のリンク先が開けるツールを開放しているので、広告のリンク先ページを見たい場合は、このツールを使うようにしてください。

03 競合に迷惑をかけないための推奨ツール

株式会社シャーロック
https://sherlocks.co.jp/blog/ppc_without_charges/

04 3C分析③ Company：自社の分析

運用編

自社のことはある程度理解していることと思いますが、競合分析を経たあとで改めて自社を分析してみることで、「強み」と「弱み」がより明確に見えてきます。自社を見つめ直すことにもつながりますから、ぜひ実施してみましょう。

グッドポイントを書き出そう

自社の分析でまずやるべき作業は、自社のグッドポイント（強み）をみなで意見を出しながら挙げていくことです **01**。最低でも40個、できれば100個ぐらいが理想です。ここでは質は問いませんので、とにかく数を出すことを意識しましょう。できれば1人ではなく複数人、理想はいろいろな部署から集まって行うことです。

普段、ホームページなどに記載している強みに関してはすぐに出てきますが、「本当は強みとなりえるのに、漏れているもの」が混ざってきます。もちろん、意見を出しただけでは見つからないこともありますが、これをヒントに今まで訴求していなかった強みが出てくる場合があります。とくに社外運用者の場合は、広告主は当然だと思っていても、それがわからないことが多々あります。「問い合わせの電話対応はすべて女性が担当」ということも十分に強みになる可能性が高いです。せっかくの自社の強みを漏らさないようにしましょう。

01 ネイルサロンのグッドポイントの例

No	グッドポイント
1	完全個室
2	プライベートサロン
3	女性専用
4	高級感がある
5	隠れ家のような雰囲気
6	ネイル技術が高い
7	爪が痛まない
8	4週間浮かない
9	ジェルにこだわっている
10	雑誌掲載多数
11	講師としても活動
12	リピート率が高い
13	人から羨ましいと言われるネイル
14	ハンドマッサージもある
15	リラックスできる
16	音楽が流れている
17	飲み物が飲み放題
18	施術中も楽しめる

バッドポイントを書き出そう

グッドポイントと同様の方法で、バッドポイント（弱み）も出していきましょう。グッドポイントと比べ、数が出しにくいことも多いので、多くて40個ほど書き出すことができればよいかと思います。書き出したあとは、それが本当に弱みなのか、もしくは、どの部分の訴求では競合に勝てないのかなどをしっかり考えてみましょう。02 のように、弱みだと考えていたものが強みになることもあります。

02 ネイルサロンのバッドポイントの例

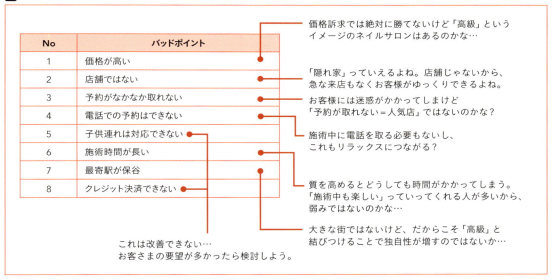

No	バッドポイント
1	価格が高い
2	店舗ではない
3	予約がなかなか取れない
4	電話での予約はできない
5	子供連れは対応できない
6	施術時間が長い
7	最寄駅が保谷
8	クレジット決済できない

- 価格訴求では絶対に勝てないけど「高級」というイメージのネイルサロンはあるのかな…
- 「隠れ家」っていえるよね。店舗じゃないから、急な来店もなくお客様がゆっくりできるよね。
- お客様には迷惑がかかってしまけど「予約が取れない＝人気店」ではないのかな？
- 施術中に電話を取る必要もないし、これもリラックスにつながる？
- これは改善できない…お客さまの要望が多かったら検討しよう。
- 質を高めるとどうしても時間がかかってしまう。「施術中も楽しい」っていってくれる人が多いから、弱みではないのかな…
- 大きな街ではないけど、だからこそ「高級」と結びつけることで独自性が増すのではないか…

自社の見直しが終わったら、現状のWebサイトと先ほど競合分析で記入したシートを見てみましょう。現状のWebサイトで抜けがあれば追加をしていく必要がありますし、自社と競合のポジショニング、ユーザーのニーズに対して何を訴求しなければならないかが明確になってくるはずです。このように、3C分析をすることで、自社の見直しをすることができます。

 3C分析は本当に必要？

リスティング広告を運用するうえで、市場・競合の分析は必須です。自社分析に関しては、広告に直結しないこともありますが、リスティング広告とWebサイトは切っても切れない縁なのです。いくら広告を全力で行っても、Webサイトがしっかりしていなければ、どれだけ広告費をかけても費用対効果は合わないでしょう。P158で後述しますが、リスティング広告とWebサイトの関係性は、掛け算になります。リスティング広告で2倍集客し、Webサイトで今までの3倍のパフォーマンスが出せたとしたら、2×3＝6倍のパフォーマンスが出せるようになります。もちろん3C分析で広告運用者もいろいろな情報を整理して広告を考えられるようになりますし、自社のWebサイト改善にも役立てられますので、ぜひ3C分析は行ってみてください。

05 キーワードの考え方

運用編

キーワードは検索連動型広告のみではなく、YDNサーチターゲティングで活用することもできますし、GDNコンテンツターゲットでも活用することができます。このセクションでは、キーワードの考え方を説明します。

いろいろな視点からキーワードを考えてみよう

広告配信をするキーワードを考えてみましょう。実際に広告パフォーマンスが合うかどうかはいったん忘れて、いろいろな視点からキーワードを考えることが重要です。「誰に広告を出すか」ということを忘れないようにしてください。3C分析のCustomer分析をした際にもいくつかキーワードは出てくるかと思いますが、連想ゲームのようにさまざまなキーワードを展開していきましょう。なお、P134で紹介したキーワードアドバイスツールやキーワードプランナーなどのツールを使ったキーワード出しは、自分で考えたあとに発想漏れを補完するぐらいの感覚で使うようにしましょう 01 。

01 キーワードの考え方

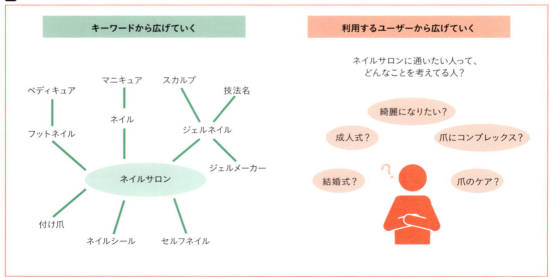

ネイルサロンのキーワードを考えてみよう

ネイルサロンでキーワードを考えてみましょう 02。広告設定の解説（P034）では店舗名（指名系）とジェルネイルと地名の掛け合わせ（直撃系）のキーワードでのみでしたが、そのほかにもさまざまなキーワードがあります。

02 ネイルサロンのキーワードの例

「ネイルサロン」という直撃系キーワードから「悩み系」や「周辺系」というキーワードへ掘り下げていくことはさほど難しくありません。

また、上記のような「タイミング」や「直撃系から離れたキーワード」については、そもそもクリック単価がまったく違う場合がありますので、気を付けましょう。たとえば「ネイルサロン」であれば、主な競合はネイルサロンとなりますが、「成人式」だと衣装やフォトスタジオなどとも広告の競合になってしまいます。キーワードプランナーでクリック単価がある程度予想できます。キーワードを考えたあとは、どのキーワードを使って広告を出稿するか考えて選定しましょう。また、コンテンツ向け広告として、サーチターゲティングやコンテンツターゲットに使用することも検討してみるとよいでしょう。

1つのキーワードの意味を考えてみよう

「ネイルサロン」で検索をするユーザーは、どのような意図で検索をしているでしょうか？　また、「ネイルサロン　保谷」で検索をするユーザーは、どのような意図でしょうか？　それぞれの意図が違えば、ユーザーに響く広告文は変わってきます。

また、「ネイルサロン」で検索をするユーザーの意図は1つではありません。キーワードとセットとなる広告を作成していくため、ユーザーの立場になって「どのような意図で検索しているか」ということを考えて広告を作成しましょう。

キーワードを精査しよう

キーワードは、「広告を出したいキーワード」か「広告を出したくないキーワード」かの2パターンしかありません。どちらか迷うものは、配信をしてデータを見てから判断すればよいので「広告を出したいキーワード」に含まれます。掛け合わせの軸となる「軸キーワード」に関しては、3C分析を行ったり、前述のようにキーワードからの展開、ユーザーからの展開によって見えてきます。複合語（「ネイルサロン 〇〇」の〇〇）の部分は、サジェストを利用することで、ある程度は網羅が可能です。P037で紹介した「goodkeyword」を使って、複合語を見てみましょう。また、その際に除外すべきキーワードも見えてきます。除外キーワードは、広告を出稿してから検索語句を確認し、除外設定をしていってもよいですが、広告配信前から除外できるものは除外してしまいましょう。

● かんたんにキーワードを精査する方法

まず、サジェストの一覧をExcelに貼り付けます。そして、隣に同じものを複製しておきます。左の列を「使うキーワード」、右の列を「使わないキーワード（除外キーワード）」として、1つずつ見ながら、どちらかを残していきます。この作業を行うだけで、複合キーワードで広告を出稿したいキーワードが左側に残り、右側に除外したいキーワードが残ります。**03**は「教習所」の例ですが、教習所ではなく「自動車教習所」や「運転免許」などを軸キーワードにした際も除外してもよい複合語であれば、「教習所」を一括で削除してしまいましょう。そうすると複合語のみが残るので、残った一覧をすべて除外キーワードに登録してしまえば、広告運用開始前からかなりの量の除外設定をしておくことができます。

03 Excel によるキーワードの精査

使うキーワード	使わないキーワード		使うキーワード	使わないキーワード
教習所	教習所		教習所	
教習所 期限	教習所 期限			教習所 期限
教習所 教官	教習所 教官			教習所 教官
教習所 合宿	教習所 合宿			教習所 合宿
教習所 卒検	教習所 卒検			教習所 卒検
教習所 料金	教習所 料金		教習所 料金	
教習所 ローン	教習所 ローン		教習所 ローン	
教習所 安い	教習所 安い		教習所 安い	
教習所 みきわめ	教習所 みきわめ			教習所 みきわめ
教習所 最短	教習所 最短		教習所 最短	
教習所 東京	教習所 東京		教習所 東京	
教習所 あるある	教習所 あるある			教習所 あるある
教習所 足立区	教習所 足立区		教習所 足立区	
教習所 安全確認	教習所 安全確認			教習所 安全確認
教習所 安心パック	教習所 安心パック		教習所 安心パック	
教習所 空いている時期	教習所 空いている時期		教習所 空いている時期	
教習所 アプリ	教習所 アプリ			教習所 アプリ
教習所 at	教習所 at		教習所 at	
教習所 秋津	教習所 秋津			教習所 秋津

余計なほうを削っていく

「使うキーワード」は、キーワード設定をするキーワード

　「使うキーワード」に残ったものは、基本的には広告のキーワード設定を行うキーワードになります。例のように「教習所 ○○」のようなキーワードを設定する場合、「教習所」という単一キーワードの部分一致などを設定する場合は、すべてを設定する必要はありませんので、そこからさらに削っていきましょう（設定をしなくても基本的には「教習所」の部分一致がカバーしてくれるため）。残しておくキーワードは「広告文を変えたいキーワード」、「入札調整をしたいキーワード」の2種類です。そして、残ったキーワードは「広告文を変えたいキーワード」でさらにグルーピングしておけば、広告アカウントを作る際に、効率よく進めていくことができます **04**。

04 さらに精査し、グルーピングをする

教習所		教習所
教習所 料金		教習所 料金
教習所 ローン		教習所 ローン
教習所 安い		教習所 安い
教習所 最短		教習所 最短
教習所 東京		教習所 東京
教習所 先生		
教習所 車		
教習所 空いている時期	さらに精査 →	教習所 空いている時期
教習所 at		教習所 at
教習所 頭金		教習所 頭金
教習所 いつから		
教習所 受付		
教習所 営業時間		教習所 営業時間
教習所 おすすめ		教習所 おすすめ
教習所 お金		教習所 お金
教習所 大型二輪		教習所 大型二輪
教習所 通い方		
教習所 試験		
教習所 金額		教習所 金額
教習所 口コミ		教習所 口コミ
教習所 スカート		
教習所 クレジット		教習所 クレジット
教習所 混む時間		教習所 混む時間
教習所 怖い		教習所 怖い
教習所 混雑		教習所 混雑
教習所 高速		教習所 高速
教習所 公認		教習所 公認

→ グルーピングをしておくと、広告設定のときに効率がよい！

06 広告文の考え方

運用編

リスティング広告において、ユーザーのニーズを捉えた広告文を作成することは重要です。とくに日本語は省略が効き、短い文字数でも情報を伝えられる言語ですから、さまざまな表現を試してみましょう。

リスティング広告の用語を覚えよう

広告文を考える際は、3C分析でまとめた自社と競合の強み・弱みを把握し、実際に検索結果で出てくる競合の広告文を見ながら広告を作成しましょう。広告文はタイトル全角15文字（半角30文字）×2、説明文が全角40文字（半角80文字）となります。オーソドックスで成果が高い広告タイトルの基本は、「検索されているキーワードを含める」・「できるだけ具体的にする」ということです **01**。

01 広告文を当てはめる

> **少し贅沢な大人のネイルサロン –美しく見える独自技法／保谷2分**

広告文は漢字・ひらがな・カタカナ・数字・アルファベット・記号（一部のみ）を使うことが可能です。また、日本語ではいろいろな表現方法がありますので、どのような表現をするかを考えながら広告文を作りましょう。

たとえば「保谷駅から徒歩2分」が正しい表記になりますが、「保谷2分」だけでも意味は伝わります。具体的に書くという点では、「商品数が豊富」といった記載ではなく、「商品数500点」の方がユーザーに伝わりやすい傾向があります。また、数字は非常に目に付きやすいため、数字で表現できる強みがあれば積極的に盛り込みましょう。

また、本書で例として出しているネイルサロンは、「周りの店舗よりも料金が高い代わりに、お客様1人1人と向き合い価格以上のサービス提供を目指しているサロン」です。ひとことで表現すると「高級」という感じですが、表現をやわらかくして敷居を低くするために「少し贅沢な大人の」という表現にしています。「ちょっと贅沢な大人の」という表現にすると、また印象は大きく変わります。広告文は複数設定ができますので、いろいろな訴求や表現を考えて広告文を設定し、どの広告がよいかは実際の広告出稿後に結果を確認して、さらに広告文を改善していくというような運用をしていきましょう。

漢字が羅列されると読みにくい広告になってしまう

　漢字が5文字ほど並んでしまうと、急に読みにくい（目に入ってきにくい）広告文になってしまいます。広告文をしっかりと読んでいるユーザーは意外に少なく、上からさっと目を通すような感じで、自分に合ったページを探していきます。一目見ただけで頭に入ってくるような広告文を作成することも、大切なテクニックの1つといえるでしょう。

02　漢字を羅列した広告文

無添加化粧品　→　無添加の化粧品

広告はあと出しジャンケンのようなもの

　広告文の設定をする際、すでに競合他社の広告は設定を終えて出稿されている状況がほとんどでしょう。広告プレビューツールでキーワードを入れて検索をすると、実際に検索したときと同様の検索結果がプレビュー上で確認できます。そこに自社の広告を設定していくわけですから、すでに競合が設定している広告は見られる状態で、広告を作れます。これはあと出しジャンケンのようなもので、たとえば「価格訴求をしようかな」と考えていた場合、プレビューツールで確認したところ、作ろうとしていた金額入りの広告が競合よりも安い金額だったとします。そのまま設定をすれば、少なくとも今、金額訴求をしている広告よりも高いクリック率が見込めます。逆に競合の方が安い金額だった場合は「〇〇円」ではなく「〇〇%オフ」というような記載方法もありますし、価格以外の面で訴求するのもよいでしょう。競合の中でいちばんよい広告を作れるよう、広告文を考える際は、競合の広告文を確認しながら作成していきましょう。

📎 ユーザーの心理に合った広告文かどうかが重要

筆者は先日、子供のベッドのマットレスを買い直す機会がありました。子供サイズのベッドなので通常のサイズより小さく、販売元のページを見たところ、サイズが「80cm×195cm」であることがわかりました。あとから知ったのですが、このサイズは「セミシングル」に該当します。
　さて、筆者はセミシングルという用語を知らないため、検索窓に「80 195 マットレス」と入れて検索しました。そのときに出た広告は次のようなものです。「おすすめマットレスを徹底比較」「きっと見つかる最高の寝心地」──私にとって「80×195」というサイズが必須条件ですから、これではどんなによい商品が売られていたとしてもアクセスしないですよね。このように、キーワードに応じたユーザーの意図を理解していないと、該当する商品を販売していてもアクセスしてくれるユーザーは激減してしまいます。

07 検索語句レポートを使った検索クエリ分析

運用編

広告出稿期間が長くなると、データ量が蓄積されてきます。日々の管理画面では気付けないようなことも、長期間のデータを活用すれば見えてくることが多くあります。このようなときに利用するのが検索クエリ分析です。

データが溜まったら、検索クエリ分析を行ってみよう

リスティング広告には100点満点の広告アカウントはありません。重箱の隅をつつけば、いくらでも改善点が出てきます。検索連動型広告においては、「出稿するキーワード」と、そのキーワードに対する「入札単価」、「広告」の調整が中心です。「広告」の調整でも大きくパフォーマンスは変わりますが、「キーワード」と「入札単価」でも大きくパフォーマンスが変化することが多いです。

データが多く溜まってきたら、検索語句レポート（P152で操作を解説します）をベースに「検索クエリ分析」を行うことで、今まで見えていなかったデータを可視化できることがあります。出稿している広告アカウントのデータ量を見ながら、分析しましょう。アカウントの規模にもよりますが、半年〜1年サイクルで行うのがおすすめです。もちろん「大きな改善点」が見つからない可能性もありますが、それは「今の設定で問題ない」という確認にもなりますので、ぜひ実施してみてください。

検索クエリを分析する前にやる準備

せっかく分析をするにしても、分析結果の精度をより高めるために、事前にやるべき準備があります。たとえば、スポンサードサーチとAdWordsの媒体やデバイスによって「コンバージョンする検索語句がまったく違う」という場合は、検索語句レポートで分けて分析しなければなりません。ほぼ変わらないのであれば、媒体・デバイスをまとめて一気に分析することも可能です 。また、極端な変更や、測定ミスなどの期間が混ざってしまうと、分析するデータそのものがノイズを多く含んでいるため、そのあたりは広告運用者が「分析すべきデータなのか」を確認しておきましょう。

01 媒体やデバイス、エリアで分析する

軸キーワードでの分析

まずは「軸キーワード」で、それぞれのパフォーマンスがどう動いているのか確認してみましょう。02は自動車教習所の例ですが、上から優先順位をつけてデータを算出しています。たとえば「教習所」のところには「自動車教習所」は入っていません。「教習所」が入っていて「自動車」が入っていないデータを教習所の行に入力をしています。

このデータを見ると、どの部分の軸キーワードが足を引っ張っているかが見えるようになります。指名検索以外のCPAは3,074円なので、「運転免許」「免許」「ドライビングスクール」「その他」がパフォーマンスの足を引っ張っていることがわかります。

また、14件のCVしかありませんが「教習所」ではなく「教習」と検索してコンバージョンするユーザーがいるため、絞り込み部分一致で「＋ 教習所」や「＋ 免許」とするだけだと、損失が生まれてしまうことがわかります。

「その他」に関しては、CPAが4,878円で、コンバージョンは全体の3%になりますので、仮にすべてを部分一致にして「その他」を配信しないという選択肢を採っても、影響は3%に止まることがわかります。「その他」の中で費用対効果がよいものだけはカバーして広告を出稿するとよいでしょう。このようにどの軸キーワードが、どれだけの影響を及ぼしているのかが確認できます。

02 自動車教習所の分析例

	IMP	Click	CTR	CPC	COST	CV	CPA	CVR	割合
指名検索	66,109	11,502	17.40%	52	596,876	478	1,249	4.16%	44%
自動車教習所	21,607	2,295	10.62%	89	204,132	54	3,780	2.35%	5%
自動車学校	31,062	3,636	11.71%	85	310,151	135	2,297	3.71%	12%
教習所	60,327	7,368	12.21%	86	636,346	249	2,556	3.38%	23%
運転免許	4,081	709	17.37%	92	65,329	17	3,843	2.40%	2%
免許	28,873	5,662	19.61%	81	461,312	106	4,352	1.87%	10%
ドライビング スクール	2,888	347	12.02%	84	29,239	7	4,177	2.02%	1%
教習	1,044	314	30.08%	79	24,944	14	1,782	4.46%	1%
その他	15,787	1,854	11.74%	84	156,095	32	4,878	1.73%	3%

指名以外の平均CPA：3,074円

さらに深掘りするために、軸キーワードをグルーピングする

上記のようなデータを作成する際は、Excelを使うと便利です。P152の操作でデータをダウンロードしたら、検索クエリのもとのデータのシートは残しておき、上記のような軸キーワードごとにシートを作成していきます。各軸シートは「コンバージョン降順」「コスト降順」で並び替えをしておくと、コンバージョンした検索クエリ・広告費がかかっているものがすぐに把握できます。

次項で複合語を分析していきますが、その準備としてコンバージョンしているキーワードを見ながら、グルーピングも考えていきましょう。たとえば「自動車教習所」「自動車学校」「教習所」は同じような検索クエリで、「運転免許」「免許」も同じような検索クエリであれば、それらはいっしょにまとめてしまったうえで複合語の分析を進めていきます。

複合語の分析をしてみよう

　グルーピングした軸キーワードのグループごとに、各複合語のパフォーマンスを確認しましょう。細かくデータを作ってもよいですし、ある程度同じ訴求であればまとめてしまっても構いません。例として **03** の「価格系」には「激安」「格安」「安い」「料金」などをまとめています。

　複合語を分析していると、さらに「効率がよいキーワード」と「効率が悪いキーワード」が見えてきます。教習所の場合は、地名との掛け合わせが多くなりますので、表では3種類のみしか記載していませんが、実際には4〜50の地名に分かれたデータです。

◉パフォーマンスがよい複合語を見つけよう

　価格に関しては費用対効果がよいため、このキーワードでさらにアクセスを集められないかを考えてみます。現在の広告の掲載順位が低ければ、入札単価を上げることで、より多くのアクセスを集められるかもしれません。また「東京」が入るものは、CPAは平均に近く、インプレッション数が多いキーワードです。インプレッション数が多いキーワードは、コンバージョンを獲得するチャンスがあるので、広告文を変更して改善できないかを考えましょう。「地名A」はそれなりにインプレッション数があるものの、コンバージョン率が低く、CPAが平均の2倍以上の数字になってしまっています。「CVRが一定であるとすれば、CPCが半分になれば費用対効果が合うから入札単価を半分にしてみよう」という対応もよいでしょうし、「現状の広告文よりも、CVRが上がりそうな広告文を作ってみよう」という判断もできるかと思います。

◉パフォーマンスが悪い複合語を見つけよう

　コンバージョンが出ていない（少ない）キーワードを見ていくことで、足を引っ張っているものが見つかる場合があります。表に「ランキング」の行がありますが、これは「1年間のスポンサードサーチ・AdWordsで見た時に10,131円使ってコンバージョン0件ということに気が付けた」ということでもあります。単月で見ると広告費を1,000円も使わないキーワードなので管理画面では気が付きにくいものです。検索クエリ分析をしてみるとわかりますが、絞り込み部分一致などを多用していない場合、「ランキング」のような気付きにくいが足を引っ張ってるキーワードが見つかることは多々あります。そのキーワードを止める（除外する）だけで、パフォーマンスは良化するはずです。

03 自動車教習所・自動車学校・教習所のグループの複合語の分析

自動車教習所・自動車学校・教習所の複合語	IMP	Click	CTR	CPC	COST	CV	CPA	CVR
東京	32,780	2,963	9.04%	118	350,550	107	3,276	3.61%
価格系	7,784	1,343	17.25%	99	133,101	71	1,875	5.29%
評判	1,541	249	16.16%	93	23,267	9	2,585	3.61%
地名A	11,054	1,019	9.22%	89	90,664	13	6,974	1.28%
地名B	8,258	500	6.05%	98	49,221	12	4,102	2.40%
地名C	367	98	26.70%	59	5,766	10	577	10.20%
バイク	1,630	362	22.21%	76	27,552	13	2,119	3.59%
二輪	1,279	422	32.99%	74	31,079	8	3,885	1.90%
ランキング	644	108	16.77%	94	10,131	0	-	0.00%

絞り込み部分一致を利用するメリット・デメリット

分析を進め、再度「コンバージョンしたすべてのクエリ」を眺めると、かなりキーワードを絞り込んでも問題ないケースもあります。たとえば、絞り込み部分一致で効率のよい部分などを残しておくだけで、8〜9割のコンバージョンが取れてしまう場合もあるのです。このような場合は、余計な広告露出がないように絞り込み部分一致を多用し、かつ入札単価を上げることで、CPAを良化しながら今まで以上にコンバージョン数を取れることもあります。

これは分析前の段階で、どこまでキーワードを絞り込んで広告を配信していたかにもよります。通常の部分一致を多用していた場合、さまざまな検索クエリが混じっているので、キーワードを絞り込みつつ、絞り込み部分一致に切り替えれば、一気に効率化します。

ただし、業種によってキーワードが「広がるもの」と「広がらないもの」があります。たとえば教習所の場合は、あまりキーワードに広がりがないため、絞り込み部分一致を多用し、取るべきキーワードでしっかり取ることでパフォーマンスが良化する傾向があります。逆に「ダイエット」のような商材の場合は、かなりキーワードに広がりがあるため、絞り込み部分一致の多用はリスクを伴う可能性があります 04 。

◉キーワードの絞り込みすぎによるリスク

絞り込み部分一致の多用などによるキーワードの絞り込みが抱えるリスクとしてまず1つ目に、広告が効率化してCPAは良化するものの、広告の露出機会やコンバージョン数が減少してしまう可能性がある点が挙げられます。もちろん効率化は悪いことではありませんが、肝心のコンバージョン数が減ってしまっては元も子もないケースもあります。

2つ目は、一度広告を出さないと決めたキーワードは、今後アカウントの再構築などをしない限り、再び広告を配信する機会が訪れない点です。もしそのキーワードが「本来は広告を出すべきキーワード」だった場合は、その機会損失に気付くことができません。

リスティング広告では、この「気が付かない損失」に注意が必要です。ここで紹介した検索クエリ分析も、「現状で広告を出稿しているキーワード」の分析に過ぎず、現状の設定から漏れている有効なキーワードは見逃してしまいます。あくまで「配信履歴のあるキーワードの効率化」でしかないことは理解をしておきましょう。リスティング広告では、さまざま視点から分析をして「改善点」を見つけ出せます。自分に必要な情報を集めるために「どのようにしてアカウントを分析すべきか」をしっかりと考えることが大切です。

04 絞り込み部分一致を活用するよい例と悪い例

教習所		ダイエット	
自動車　バイク		運動　　　　食事	
地域　　免許		サプリメント　エステ	
		体脂肪　　　肌荒れ	
		スリーサイズ	
キーワードが限定されるので、絞り込みしやすい!		**キーワードに広がりがありすぎるため、リスクがある!**	

検索語句レポートの出し方

AdWordsでは、管理画面のデータをそのままダウンロードをすることができます。実際に画面で流れを確認しましょう。

1 管理画面のサイドメニューの「キーワード」をクリックして、

2 「検索語句」をクリックします。

3 管理画面上の数字をダウンロードするため、必要な期間で表示をしておきましょう。⬇をクリックすることで、検索語句レポートをダウンロードすることができます。

📎 **デバイスごとの検索語句レポート**
デバイスごとの検索語句レポートが必要な場合は、青枠よりデバイスごとに表示をさせてからダウンロードをしましょう。

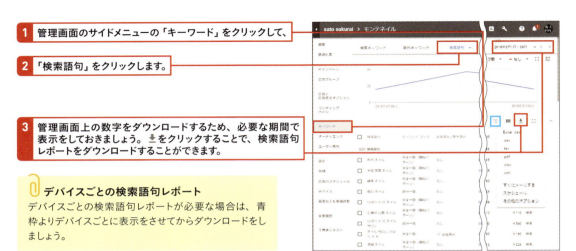

プロモーション広告は、レポート画面からダウンロードします。実際に画面で流れを確認しましょう。

1 「スポンサードサーチ」画面の「レポート」をクリックして、

2 「新規レポートを作成」をクリックします。

3 「検索クエリーレポート」をクリックして、

4 表示項目・集計期間を設定します。「作成」→「ダウンロード」の順にクリックすると、レポートをダウンロードすることができます。

📎 **デバイスごとの検索語句レポート**
デバイスごとに検索クエリーレポートを出す場合は「表示項目の追加」からデバイスを選択しましょう。

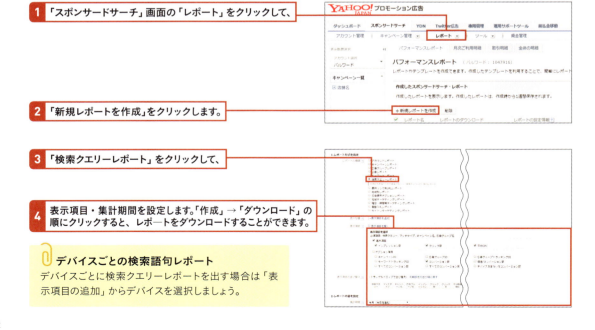

検索語句以外のレポートの出し方

検索語句以外にも、リスティング広告ではさまざまなレポートを出すことができます。スポンサードサーチでは05のように、地域別レポートや曜日・時間帯でのレポートを出すこともできます。さらに「表示項目の追加」からより細かいレポートを出すことも可能です。

YDNのレポートはスポンサードサーチとは違い、配信先レポートやフリークエンシーレポートなどがあります06。配信先レポートを確認し、効率が悪い配信先のURLを除外したり、フリークエンシーレポートから、ユーザーに対しての広告表示回数でのパフォーマンスを確認し、フリークエンシーキャップ（P095）の設定を行いパフォーマンス向上を目指しましょう。

AdWordsではレポートボタンをクリックすると、レポート生成のページに移動します。「＋」ボタンを押すことで表のみではなく、グラフなどを出すことも可能です。サイドメニューから集計したい項目を中央部分にドラッグするだけで、項目が追加されます。

07は、クリック数とコンバージョン数で折れ線グラフのレポートを作成した状態です。AdWordsに関しては、プロモーション広告以上にさまざまな詳細なデータを出すことが可能です。

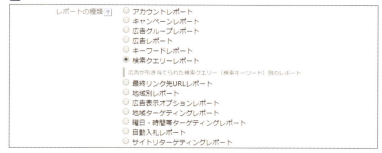

05 スポンサードサーチのレポート項目

06 YDNのレポート項目

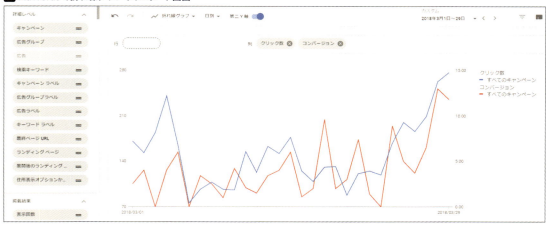

07 AdWordsで折れ線グラフでのレポート画面

08 PDCAサイクルの回し方

運用編

リスティング広告は、出稿した広告のデータが詳細に見れること、柔軟な設定ができることから、PDCAサイクルをスムーズに回していくことでパフォーマンス改善が見込めます。ここでは実際のPDCAの回し方を見てみましょう。

PDCAサイクルとは

PDCAサイクルとは、Plan（計画）→Do（実行）→Check（評価）→Action（改善）の工程を繰り返すことで、改善を目指していく手法です **01**。リスティング広告はPDCAサイクルを回すことで、パフォーマンスが改善されていきます。また、このPDCAサイクルを高速で回せるため、スピーディーな改善が可能です。

01 PDCAサイクルとは

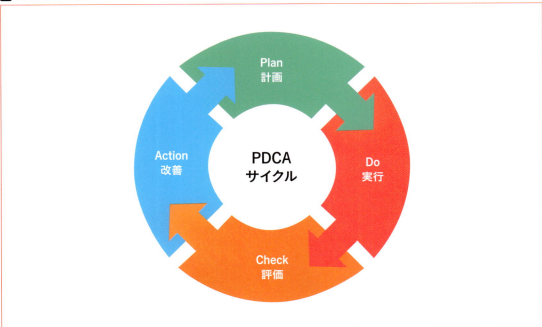

実際のPDCAサイクルの回し方

　PDCAサイクルを高速で回すためには、Pの部分が非常に重要です。必ず「目的」と「仮説」「期間」を明確にして進めていきましょう02。「期間」に関してはデータ量によって変わります。たとえば、10日間で1件コンバージョンが出るアカウントと、10日で100件コンバージョンが出るアカウントでは、データ量が大きく違いますので、設定後に分析するタイミングも大きく変わってきます。

02 目的・仮説・期間の例

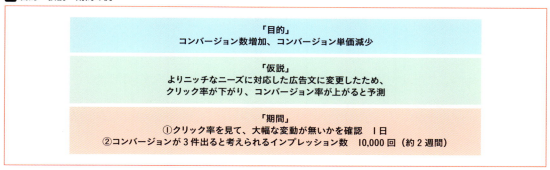

　きちんと目標・仮説・期間を決めたら、「テストを行って、やりっぱなし」という事態は避けるよう、あらかじめ「いつ頃に判断をするのか」を決めておきましょう。また、期間を決めておくことで「その次の施策」をテスト中に考えることができ、結果を見たあとすぐに次のPDCAサイクルを回すことができます。

高速でPDCAサイクルを回す方法

　リスティング広告でPDCAサイクルを回すと、DとCの間で必要なデータ数を集めなくてはならないため期間が空いてしまいます。その際に、それぞれの結果に対しての次のアクションをすでに考えておくこと（P）で、高速に回すことができます。Dで分析するためのデータが集まったら、CAとDの設定は1日あれば十分可能です。そして、またデータが溜まっている間にPを行います。こうすることで、高速でPDCAサイクルが回ります03。

03 高速でPDCAサイクルを回す

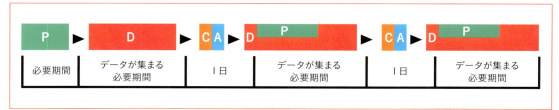

09 LTVを理解しよう

運用編

リスティング広告で目標となることの多いCPAを決める際、LTV（ライフタイムバリュー）という概念を理解していなければ、目標設定を見誤ることもあります。LTVが伸びるとどうなるか、LTVを伸ばすためにはどうしたらよいかを考えてみましょう。

LTVとは

LTVとは、Life Time Value（ライフ タイム バリュー）を略した「顧客生涯価値」のことで、1件の新規顧客を獲得した時に得られる「利益」になります。LTVを理解していないと目標設定を誤る場合があります。リスティング広告ではコンバージョン単価を目標にすることが多いですが、この目標が大きくズレてしまうとリスティング広告での集客が難しくなってしまう場合があります。

01 LTVとは

・販売価格3,000円　利益率70%（2,100円）
・平均リピート購入回数4回

LTV：3,000円 × 0.7 × 4 = 8,400円

01のような場合、1件の新規顧客を獲得すると8,400円の利益が見込めますので、たとえば広告費率50%とすると、コンバージョン単価4,200円といった目標設定になります。しかし、LTVを考慮しないで初回購入の利益2,100円に対して目標設定をしてしまうと、コンバージョン単価は1,050円となってしまいます。リスティング広告は競合と広告面をオークション制で配信していくため、目標のコンバージョン単価が大きく違えば、入札をする単価も大きく変わってきます。目標設定を誤ると入札単価が低くなりすぎて、広告があまり表示されないという場合もあります。また、LTVを伸ばすことができれば目標コンバージョン単価が上がっても利益をしっかりと取れます。

LTVを上げることができた場合どうなるのか

　LTVが上がるとどうなるでしょうか？　たとえば前述した例でリピート購入回数を4回から5回に伸ばすことができたら、LTVは10,500円まで上がります。今までの目標と同じCPAで月に1,000件獲得できていたとすると、02のような結果になります。LTVは約1.26倍に伸びた

ことで、得られる利益は約1.5倍になりました。LTVの重要性を理解をしていただけたかと思います。LTVを今回のように上げられれば、CPAが6,500円まで上がってしまっても、400万円の利益は維持することができます。

02 LTVが上がるとどうなるか

リピート4回：（LTV8,400円 − CPA4,200円）× 1,000件 = 4,200,000円
リピート5回：（LTV10,500円 − CPA4,200円）× 1,000件 = 6,300,000円

　では、競合各社がLTVを伸ばしていくと、どのようなことが起こるでしょうか？　とくに広告に変化はなく、全社の利益が増えることもありますが、多くは「CPAが5,000円に上がっても1,300件獲得できるのであれば、その方が利益が取れる」という判断になります。検索連動型広告の特性上、決まった顧客数から顧客を取り合うような動き方をするため、300件新規を獲得できたと

したら、他社の獲得件数は減るのが一般的です。獲得件数が減ってしまうと利益減となってしまうため、顧客獲得のために入札単価を上げてくるのが自然の流れになり、市場のクリック単価は上がっていきます。LTVを伸ばすことは第一に利益を多くとるためですが、仮にクリック単価が上がっても対応ができるようにするという点からも、LTVのことを考えておく必要があります。

LTVを伸ばすための方法

　LTVを伸ばす方法は多く存在します。03は一例ですが、顧客単価を上げたり、リピート率や価格を上げたりするといった手段があります。とはいえ、LTVを伸ばすことはかんたんではありません。いろいろとやってみて

もLTVが思うように伸びないこともあるでしょう。ただし、自社がやって大変なことは、競合がやっても大変です。LTVに関しては、長期で目標を立てて上げることを目指しましょう。

03 LTVを伸ばす方法の一例

顧客単価を上げる	物販であれば、送料無料の会員を調整するなど。 既存の顧客リストを使い、他の商品が販売できないか？
リピート率を上げる	DMなど。 リピートがない商材は紹介率を上げるなど。
値上げをする	仮に1%値上げしたとすると 粗利はいくら伸びるか？

10 広告パフォーマンスは掛け算

運用編

リスティング広告の役割は、ユーザーをサイトに誘導することです。ただし、広告を出稿する目的はあくまで利益を出すことにあります。売り上げを上げるためには、リスティング広告以外の要素も視野に入れて考えるとよいでしょう。

売上を3倍にできるのか

あなたは売上3倍という目標を聞いて、どう考えるでしょうか。急成長の事業でない限り、いきなり3倍といわれても現実的には難しいと思うかもしれません。ここで、もう一度2stepビジネスにおけるリスティング広告を使った成約までの流れを見てみましょう。

検索連動型広告での流れは**01**のようになります。図はクリック率1%で、コンバージョン率が1%、問い合わせから成約までが10%だった場合の流れです。この数字で推移した場合は、インプレッションが100,000回あると、1件の成約ということになります。では、インプレッション数・アクセス数・問い合わせ数・成約数をそれぞれ伸ばすためには、何をすればよいかを考えてみましょう。

01 検索連動型広告での成約までの流れ

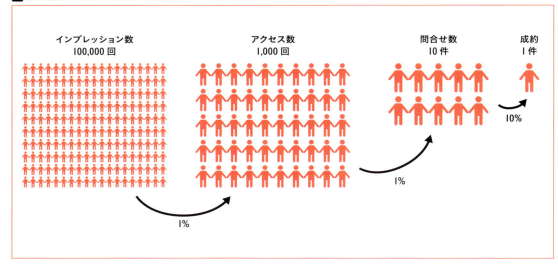

それぞれの数字を上げる方法を考える

まず、インプレッション数を上げるにはどうしたらよいでしょうか。リスティング広告を出稿してみるとわかりますが、基本的に検索ボリューム＝インプレッション数とはなりません。これは、管理画面上でインプレッションシェアを確認すれば、検索ボリュームに対してどれぐらいの割合で広告が出ているかが把握できます。インプレッションシェアをより獲得するには、入札単価を上げたり、広告文の追加などを行ってみましょう。また、まだ出稿していないキーワードがあれば、追加することでインプレッション数を増やすことができます。

次にアクセス数は、たとえインプレッション数が同じでも広告のクリック率が上がれば伸ばすことができます。こちらは広告文を追加することで増加が見込めます。

問い合わせ数を増やすには、コンバージョン率を上げることを目指します。コンバージョン率はリスティング広告側での出稿キーワードや広告文でも変動しますし、広告クリック後に訪問するランディングページの変更でも増加が見込めます。成約率は、広告の種類（主に検索連動型広告とコンテンツ向け広告では大きく違うことが多い）、ランディングページによっても変わりますし、さらに成約を勝ち取る営業マンのスキルによっても変わります。

それぞれの数字を頑張って、1.32倍を目指したらどのような数字になるでしょうか02？

02 1.32倍を目標にした数値

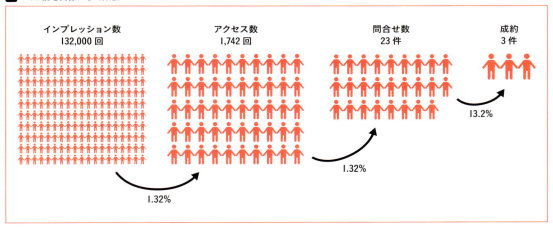

売り上げ3倍というと、非常に高い目標となりますが、細かい部分をそれぞれが1.32倍にすることができれば、最終的には3倍の成果を出すことができます。それぞれの数字が掛け算で計算されますので、広告だけではなくランディングページや営業成約率なども合わせて改善できれば、売り上げを一気に伸ばすことも現実的になってきます。

2stepビジネスではなく、ECショップのようにアクセスから購入に直結する場合は、各遷移率が1.45倍になれば3倍を達成できます。リスティング広告の成果を上げることを目指すことはもちろん、関連する要素でもしっかりと数字を上げるようにしていくことが重要です。

11 広告カスタマイザについて

運用編

AdWordsには、広告カスタマイザという広告設定の方法があります。広告カスタマイザを使うと、広告文を動的に変えることが可能です。スポンサードサーチにも同様の広告設定であるアドカスタマイザーがあります。

広告カスタマイザとは

広告カスタマイザを使うと、ユーザーの検索語句に合わせて広告文を動的に変更したり、端末やエリア、日付などによるテキスト広告の調整もできます。たとえば**01**のように、地名が入るキーワードに対して広告カスタマイザを設定すれば、1広告グループ1広告文でも、ユーザーが検索する地名が広告文に入るように設定をすることが可能です。

01 広告カスタマイザ

通常は、広告文を地域ごとに割るのであれば、広告グループを分ける必要があります。

キャンペーン

広告グループ	広告グループ	広告グループ
レンタカー　東京	レンタカー　神奈川	レンタカー　沖縄
東京で人気のレンタカー www.example.com 東京駅からすぐ■■■■■■ ■■■■■■■■■■■■■■	神奈川で人気のレンタカー www.example.com 横浜駅からすぐ■■■■■■ ■■■■■■■■■■■■■■	沖縄で人気のレンタカー www.example.com 那覇空港からすぐ■■■■■ ■■■■■■■■■■■■■■

広告カスタマイザを使うと下記のような広告とフィードを用意すれば、1広告グループ1広告で同じように広告文が動的に変わります。

キャンペーン

広告グループ
レンタカー　神奈川

{= レンタカーエリア 1} で人気のレンタカー
www.example.com
{= レンタカーエリア 2}■■■■■■■■■
■■■■■■■■■■■■■■

広告カスタマイザの設定方法

　広告カスタマイザを設定するにはデータフィードが必要です。データフィードを作成することによって、広告が動的に変更されます。データフィードというと、ハードルが高いように感じるかもしれませんが、広告カスタマイザのデータフィードは決して難しいものではありません。基本的にExcelなどで規定通りにデータのリストを作成して、CSVファイルなどに書き出してアップロードするしくみです（詳しい手順や仕様についてはAdWordsやスポンサードサーチのヘルプをご覧ください）02。03の例のようにカスタマイザを使えば、かなり自由度が高い動的な広告が作成できるため、通常の広告で作成した場合は数百の広告・広告グループが必要な場合でも、1つで対応できてしまいます。便利な広告設定方法なので、ぜひ導入してみてください。

02 データフィード

Target keyword	モデル (text)	キャパシティ (number)	タイプ (text)	開始価格 (price)	セール終了日 (date)
プロウィップ 300	プロウィップ 300	5	チルトヘッド	19,900 円	2015/05/15 20:00:00

03 カスタマイザを使った広告

設定している広告

```
{=Mixers.モデル (text)} ミキサー
www.example.com
{=Mixers.キャパシティ (number)} L {=Mixers.タイプ (text)} ミキサー
{=Mixers.開始価格 (price)} - セール終了まで {=COUNTDOWN(Mixers.セール終了日 (date))}
```

2015年5月10日に
「購入　プロウィップ 300」と
検索した場合

```
プロウィップ 300 ミキサー
[広告] www.example.com
5 L チルトヘッド ミキサー
19,900 円 - セール終了まで 5 日
```

広告カスタマイザは広告設定がかんたんになるだけではない

　広告カスタマイザを使うことで、広告の設定にかかる工数を大幅に減らせる広告アカウントもあります。ただし、広告カスタマイザは、工数を削減するためだけのものではありません。2018年5月現在、AdWordsは自動化が進んでおり、広告にもデータが溜まるようになっています。AdWordsでは、その溜まったデータに基づいて、よりコンバージョンが出るように入札単価の調整をサポートしたり、自動入札設定に活用します。細かく広告グループを分けた場合、データが分散してしまい、サポート・自動化の効果が薄れてしまいます。データを集積するという意味においても、広告カスタマイザはおすすめの広告設定です。

12 エディターを使ってみよう

運用編

AdWordsに関してはAdWordsエディター、Yahoo!プロモーション広告にはキャンペーンエディターという機能があります。エディターはオフラインで広告の編集ができ、一括の変更などもかんたんに行えます。

エディターとは

AdWordsにはAdWordsエディター、Yahoo!プロモーション広告にはキャンペーンエディター（スポンサードサーチ、YDNでそれぞれ個別）、というオフラインで広告を編集できるツールがあります。管理画面で操作をすると、1つ1つの設定に非常に時間がかかります。そのため、ほとんどの運用者はエディターを使って編集をします。エディターはcsvのインポートも可能なため、広告アカウントを構築する際は、csvで作成してエディターへインポートさせ、実際の管理画面に反映されるようデータをアップロードさせます。エディターの注意点としては、オフラインで編集ができる特性上、編集前に最新の状態をダウンロードしておく必要があることと、複数人が一気に編集をした場合にミスが生じてしまうことがあります。

●エディターのダウンロード

AdWordsおよびスポンサードサーチ、YDNのエディターはそれぞれ公式ページからダウンロードできます 01 02 03 。

01 AdWordsのエディター

https://adwords.google.com/intl/ja_jp/home/tools/adwords-editor/

02 スポンサードサーチのキャンペーンエディター

https://promotionalads.yahoo.co.jp/dr/yce/

03 YDNのキャンペーンエディター

https://promotionalads.yahoo.co.jp/dr/ydn_campaigneditor/

エディターの画面

エディターは管理画面のように設定ができますが**04****05**、その魅力は「オフラインで使えること」「管理画面だと1つ設定をすると画面の切り替わりに時間がかかるが、エディターではスムーズなこと」「csvが使えること」の3つです。管理画面と大きく違うところは、オフラインで設定していくため、エディターでの設定が実際の設定とは違う可能性が常にあります。作業前に「最新の変更を取得（データのダウンロード）」をしてから設定を進めていきましょう。また、エディターの設定を管理画面に反映させるためには「送信（データのアップロード）」をする必要があります。また、エクスポート・インポートを利用することで、データをcsvにすることもできます。

04 AdWordsエディターの画面

05 キャンペーンエディターの画面

💡 アカウントの構築はAdWordsから

AdWordsとスポンサードサーチは、基本的なアカウントのしくみは同じです。AdWordsとスポンサードサーチでまったく同じ構成で作成する場合は、AdWordsで作成したアカウントデータをAdWordsエディターからcsv形式でエクスポートし、スポンサードサーチのキャンペーンエディターへインポートすれば、すぐにスポンサードサーチに同じ設定を反映することが可能です。スポンサードサーチには広告に「広告名」の設定が必須となっていますが、AdWordsでは任意となっているため、その項目のみ設定が必要です。AdWordsエディターでエクスポートしたあと、「ad name」の列に広告名を入れてから、キャンペーンエディターでインポートしましょう。

エディターは非常に便利なツールなので、ぜひ使えるようになっておきましょう。またcsvのエクスポート・インポートもかんたんなため、csvで変更を行う運用者もいます。とくにアカウント構築に関しては、ほとんどの運用者がcsvで設定をしているのが現実です。

csvの構造がどうなっているかは、1つ以上キャンペーン・広告グループ・広告・キーワードが設定されている状態でファイルをエクスポートして中身を見るとわかるかと思います。

たとえばP144で選定した教習所の複合キーワードで、軸キーワードを自動車教習所や免許にしたい場合も、Excelの一括変換を使うことで数分で設定できます。アカウント構造がシンプルな場合は、管理画面のみで設定を行えますが、いちいち設定するのに手間がかかりすぎると感じた場合は、エディターやcsvを利用した設定にチャレンジしてみましょう。

13 AdWordsの自動化と動き方

運用編

リスティング広告では自動化が進んでいます。とくにAdWordsの自動化に関してはより高い精度で動くようになってきています。ただし、まだ発展途上の技術のため、取り入れ方については運用者によって意見が分かれます。本セクションの解説は現時点での筆者の見解に基づいたものですので、その点は念頭に置いておいてください。

AdWordsの目指すものとは

筆者が広告を運用し始めた2009年頃は、広告タイトルの文字数は半角25文字（全角12文字）と、現在と比べると半分以下しか設定できませんでした **01** 。「検索したキーワードを広告タイトルに含める」といういわば機械的な広告設定をするだけで品質スコア・クリック率はかなり高くなり、費用対効果を出せていました。検索キーワードを広告タイトルに入れるためには細かい広告グループ設定が必要で、「1キーワード・1広告グループ」で広告設定をする運用者が筆者を含めて多

かったと思います。現在のような広告グループにキーワードをまとめた運用との比較などはしていなかったため、どちらの設定がよいかは把握しきれていなかったものの、大きな成果を生み続けたのは事実です。

ですが、近年では自動化の精度が上がり、「広告にデータを集める」必要が出てきました。正確な時期はわかりませんが、おそらく2012年頃からAdWordsは「自動化」へと動き出しています。

01 2009年頃のリスティング広告

── 広告グループ ──	── 広告グループ ──	── 広告グループ ──
キーワード：池袋　教習所	キーワード：新宿　教習所	キーワード：高田馬場　教習所
池袋から近い人気の教習所 www.sample.com	新宿から近い人気の教習所 www.sample.com	高田馬場から近い人気の教習所 www.sample.com

広告で大きくパフォーマンスが変わる時代へ

　広告タイトルの文字数は、2010年には半角30文字まで入力できるようになり、2016年には半角30文字×2まで増えることになりました。今でも、キーワードを広告に入れると効果があることは多いです。しかし、機械的に入れるだけでなく、訴求できることを増やしたり、いろいろないい回しができるようになりました。

　また、ときには検索キーワードがまったく入っていない広告が高いパフォーマンスを出すこともあります。広告で表現できることが圧倒的に増えたことに加え、広告によっては、クリック率やコンバージョン率だけでなく、掲載順位やインプレッションシェアの変動も以前よりも大きいと感じます。広告に入っているテキストにより、部分一致などで拡張するキーワードが変わることも確認できており、広告文を追加することで、一気に広告パフォーマンスが向上するケースも珍しくありません。

「どの広告を出すか」を決めるのは人からシステムへ

　前述のような「1キーワード・1広告グループ」といった細かいグルーピングにより、検索キーワードを広告文へと盛り込むことができますが、それは「人」が判断をするものです。しかし、AdWordsでは機械学習により「同じ検索語句でも、ユーザーに適した広告を選択する」ような動き方をしており、正確なデータは公表されていませんが、筆者の感覚ではときが経つに連れて精度が高まっているように思います **02**。

　AdWordsの機械学習は、出稿されたデータを分析して、よりよい広告を選択してくれますが、高い精度で機械学習をさせるには、データを分散させないほうが有利です。となると、広告グループ数は極力まとめる構造にする必要があります。

　「細かく広告グループを分ける」ことと「広告グループを極力まとめる」ことは、それぞれにメリット・デメリットがあります。一概に「広告グループをまとめるべき」とはいい切れないのは、「1キーワード・1広告グループ」ほどでなくても、ある程度細かくグルーピングした方がパフォーマンスがよい業種もあるためです。とくにコンバージョン数が少ない広告アカウントの場合は、データが集まりきらないため、人が判断をした方がよいケースが多く見受けられます。どちらの作り方でも現状は問題ないかと思いますが、このような潮流にあることは把握しておきましょう。

02 機械学習によるAdWordsの広告選択

AdWordsがユーザー最適な広告を洗濯

広告グループ
キーワード：ネイルサロン　新宿

新宿のネイルサロン
大人の女性のジェルネイル
少し贅沢なジェルネイル
ジェルネイルで女子力UP

大人の女性のジェルネイル
www.sample.com

13　AdWordsの自動化と動き方

AdWordsスマート自動入札は入札単価をシステムが決める

　AdWordsスマート自動入札（自動入札戦略の一部）を使うと、入札単価をAdWordsが自動で決定します03。スマート自動入札は「機械学習」と「シグナル」によって入札単価が決められます。機械学習はコンバージョンデータをもとに独自のアルゴリズムで学習していきます。シグナルとは「デバイス」「エリア」「時間」「年齢」「性別」などの属性を指し、これらを考慮して広告のオークションごとに入札単価を調整します。この「機械学習×シグナル」によって、より高い精度の自動入札が実現されます。

　スマート自動入札を使うと、コンバージョンが獲得できる可能性が高いと判断された場合は入札単価を高め、コンバージョン獲得の見込みが薄いと判断された場合は入札単価が下げられます。たとえば、同じ検索クエリの「ネイルサロン 新宿」であっても、検索されるたびに入札単価が変わります。このような調整は、手動での入札ではできません。

03 AdWordsスマート自動入札

スマート自動入札の挙動について

　スマート自動入札を利用する際、広告を出稿したデータによって機械学習されるため、データ量が少ないとうまく動作しないケースが多くあります。あくまで筆者の経験からの推測ではありますが、1ヶ月に30件以上コンバージョンが獲得できるぐらいが目安になるかと感じています。インプレッション数でいえば1ヶ月に600,000回ぐらいが必要ではないでしょうか。本書で紹介しているネイルサロンに関しては、1ヶ月のコンバージョン数が2件程度しかないため、スマート自動入札を設定してもうまく機能しませんでした。また、1ヶ月に500件ほどコンバージョンが獲得できているアカウントでもスマート自動入札よりも手動で調整をした方がパフォーマンスがよかったものもあります。もちろんスマート自動入札を採用することで、パフォーマンスが上がったアカウントもありますので、コンバージョン件数が多いアカウントに関しては積極的に採用してみてもよいでしょう。スマート自動入札は設定後、最適化の前に学習期間に入ります（管理画面上で確認できます）。学習期間中は、データを取るためにAdWordsがさまざまなテストを行うため、パフォーマンスが一時的に悪化することがあります。

広告グルーピングをもう一度考える

　ネイルサロンで、予想される検索クエリを考えてみましょう。たとえば、04のようなキーワードが出てきたとします。広告グループの分け方は、キーワードに対して広告がマッチしているかになりますので、これらの検索クエリに対してどのような広告を作るか考えた結果、4つの広告が候補に出たとします。私たちが考えると「フットネイル」を探しているユーザーには「かわいいフットネイル」という広告を出したいから、広告グループを分けようと思いがちです。ただし、よく考えてみると、フットネイルという検索に対して、考えた4つの広告はまったく見当外れでしょうか？　人によっては「大人の女性のジェルネイル」の方が響くかもしれません05。

　どの広告が出ても許容できる場合であれば、まとめてしまい、1つの広告グループで作成しても問題ありません。この広告グループをどう分けるかが非常に判断が難しい部分で、正解はないのですが、自動化を意識するのであれば、まとめられるものはまとめてしまい、各広告にデータが集まるように設定していきましょう（もちろんフットネイルだけ広告グループを分けるという設定も間違いではありません）。

04 予想されるクエリから考えられる広告文

【予想されるクエリ】
- ネイルサロン
- ネイルサロン　新宿
- ネイルサロン　価格
- ネイルサロン　評判
- ジェルネイル
- フットネイル

【考えた広告文】
- 人気のネイルサロンなら
- 新宿のネイルサロン
- 大人の女性のジェルネイル
- かわいいフットネイル

「どのキーワードでも、すべての広告で問題ない」ということであれば、1広告グループでOK

05 ユーザーによって広告の響き方は変わる

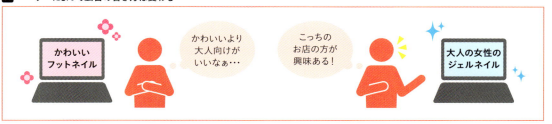

💡 データを増やすために、マイクロコンバージョンを使うことも

マイクロコンバージョンとは、中間地点でのコンバージョンのことです。たとえば、サンクスページではなく、問い合わせフォームのページにコンバージョンタグを入れることで、サンクスページよりも多くのコンバージョンが測定できるようになります。コンバージョン数が少ない場合は、このようにフォームなどでマイクロコンバージョンとして測定することで、コンバージョンのデータ量を増やすことができます。

設定するキーワードの考え方

P167での予想されるキーワードのクエリに対して広告を出すには、どのようなキーワード設定が必要でしょうか。AdWordsにおいては「とりあえず設定したキーワードでカバーできていればOK」という感覚でもしっかり広告が出ることが多いです。「ネイル」の部分一致を入れておけば、すべてをカバーできるので、極端な話、多くのキーワードを設定せず、この1語のキーワードだけ設定しておけばうまく広告が出るというケースもあります。手動入札をする場合は、入札単価を調整したいキーワードを個別に登録する必要がでてきますので、06のような設定になってきます。

06 予想されるクエリから設定するキーワード

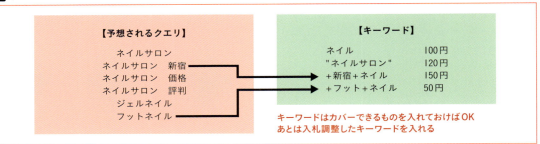

広告グループ数とキーワード数によるインプレッション変動のテスト

ここからは、筆者が運営している「手汗対策クリーム」を販売しているサイトにて行ったテストの結果を紹介します。まず、07のような構造で、インプレッション数の変動を確認しました。広告文と入札単価はすべて同一にして、「広告グループ数を変えた場合」と「キーワード数を減らした場合」で変動が出るかを検証しています。

広告出稿直後は、テスト1がいちばんインプレッション数が多かったのですが、すぐにすべてが同じぐらいのインプレッション数で推移するようになりました。つまり、どのような構造でも大きな変化はありませんでした。

07 インプレッションテスト

テスト1	テスト2	テスト3
「手汗」や「手掌多汗症」を軸キーワードとした約500のキーワードを1広告グループ・1キーワードで作成	テスト1と同じキーワードで広告グループ1つに約500のキーワードを設定	「手汗」や「手掌多汗症」の完全一致・部分一致の4つのキーワードを1広告グループで設定

CHAPTER 8

事例から学ぼう

広告を運用していると、さまざまな問題に遭遇します。本章では筆者が経験した事例を紹介していますが、成功事例だけでなく失敗事例も掲載しています。自社の状況と照らし合わせながら、「どのような方針で対応していくとよいか」を考えるヒントにしてみてください。

01 成功事例
競合を見て広告文を修正

事例編

検索連動型広告では、多くの場合は競合と同時に広告が掲載されます。競合が広告文を変えてきた場合や新規で広告を出稿してきた企業が出てきた場合は、一気にパフォーマンスが落ちてしまう可能性があります。

価格訴求はリスクも高い

価格を入れた広告文は、1社でも表示価格を下回った広告を出されてしまうと、一気にパフォーマンスが落ちてしまいます。広告の出稿時は最安値でしたので、**01**のような広告文を出稿していました。品質が悪いということはなかったのですが、とにかく「安い」ということ

を広告文で伝え、ユーザーをサイトにもう一度訪問させてから「安いだけではなく、品質にもこだわってます」というようなイメージをつける狙いで広告出稿していました。**02**は、メインとなる完全一致のみでの月間の数字になります。

01 自社広告文の例

激安オリジナル○○○/ 4,000 円から – 業界最安値に挑戦
www.example.com
■■■

02 完全一致のみの月間の数字の例

月	クリック数	表示回数	クリック率	平均クリック単価	費用	平均掲載順位	コンバージョン	コンバージョン単価	コンバージョン率
2017年7月	2,107	41,443	5.08%	¥255	¥537,841	2.4	138.00	¥3,897	6.55%
2017年8月	1,361	29,460	4.62%	¥287	¥390,485	2.3	102.00	¥3,828	7.49%
2017年9月	1,697	36,469	4.65%	¥294	¥498,361	2.5	114.00	¥4,372	6.72%
2017年10月	1,647	36,121	4.56%	¥292	¥480,355	2.5	109.00	¥4,407	6.62%
2017年11月	1,276	28,704	4.45%	¥283	¥361,505	2.7	73.00	¥4,952	5.72%
2017年12月	911	22,375	4.07%	¥287	¥261,216	2.7	71.00	¥3,679	7.79%
2018年1月	1,197	29,083	4.12%	¥280	¥335,666	2.6	91.00	¥3,689	7.60%
2018年2月	1,260	27,537	4.58%	¥259	¥326,734	2.6	91.00	¥3,590	7.22%
2018年3月	1,139	21,871	5.21%	¥268	¥305,621	2.9	103.00	¥2,967	9.04%

表の通り、9月頃からCPAの悪化がはじまり、11月には今までよりCPAが25%高騰してしまいました。調べてみたところ、他社がこれまで以上に安い金額を訴求してきたのがいちばんの原因だと感じました **03**。価格ではないさまざまな訴求をした結果、CPAが以前の状態に戻るまで3ヶ月ほどかかってしまいましたが、12月には以前よりも少しよいCPAに戻すことができました。2月中頃には、最安値で広告を出稿していた競合が撤退したため、以前の価格訴求の広告文に戻すことで、さらにCPAが下がり3,000円を切ることができています。競合の価格訴求により、広告主以外で同じぐらいの金額で広告文を作っていた競合も広告文を変更していたため、金額訴求をしているのが広告主のみとなり、クリック率・コンバージョン率も上がっています。

03 競合の広告文

○○○/△△△△△△△△△ － 1枚 990円～オリジナルで作成
www.example.com
■■■

広告文は競合と比較し、状況に合わせて適切なものを出稿する

3C分析をすると「何を訴求すべきか」ということが見えてきます。しかし、こちらが広告を出稿したことで競合がパフォーマンスが下がったと判断すれば、広告の訴求を変えてくることは多くあります（広告費が高額な場合など）。とくに価格訴求をしている場合は、パフォーマンスが一気に落ちてしまうことがありますので注意しておきましょう。また、広告文を追加していくときはプレビューツールなどを利用して、実際の検索結果に出ている競合の広告文を見ながら、広告文を作ることが有効です。ユーザーの立場に立って「このキーワードを検索しているユーザーは、どのような広告文を魅力的に感じるか」ということを考えれば、よい広告が作れるはずです。

価格訴求の強さを考える

価格は非常に伝わりやすい情報です。たとえば今回の事例のような「4,000円」の広告文を見てから、他社の「高品質です」というようなページを最初に訪問したとします。ユーザーは自社ページに訪問してはいませんが「4,000円」という金額は頭に残る可能性があります。他社サイトにアクセスして価格を見たときに、「そういえば4,000円って書いてあるページがあったな」と思い出してくれれば、商品購入の前に一度戻ってきてくれる可能性があります。ユーザーの立場に立って、自分の作った広告がどのように伝わるかを考えながら、広告を作っていきましょう。

02 失敗事例 ショッピング広告での顧客単価

事例編

ショッピングキャンペーンは、CPAを抑えて獲得できることが多くあります。ただし、顧客単価が低くなってしまう可能性もあるため、CPAはよいけれど売上が伸びないという状況になってしまうことがあります。

ショッピング広告の活用

ショッピング広告（旧：商品リスト広告）は、Googleで検索した際に表示できる広告で、検索連動型広告と違い、商品画像や価格・ショップ名などを表示することができます **01**。広告をクリックすると商品ページに移動します。ショッピング広告は、データフィードを用意する必要があるため、まだ導入できていない企業も多く、クリック単価が検索連動型広告と比べると安価な傾向があります。直接商品ページに行くため、コンバージョン率も高めでCPAが良好なことが多い広告配信メニューです。

01 ショッピング広告

CPAだけではなく顧客単価も見てみよう

 02 は、物販を営む広告主のアカウントデータです。ショッピング広告を導入して積極的に配信をした結果、CPAは目標達成をしました。検索のCPAが4,266円でショッピングは7,667円となっていますが、指名検索（店舗名）でのコンバージョンが約半数あり、指名検索を除いたCPAで考えると検索連動型広告とCPAはほぼ同じぐらいでした。

AdWordsでは、コンバージョンタグを動的に変更することで、合計コンバージョン値（ユーザーの購入金額）を管理画面上に表示させることが可能です。いちばん右側の列は、1コンバージョンあたりのコンバージョン値（売上）が記載されてます。ここを見ていくと、検索では1コンバージョンあたり166,842円なのに対し、ショッピングでは63,910円という結果になっています。

02 物販の広告主のアカウントデータ例

キャンペーン	表示回数	クリック数	費用	コンバージョン	コンバージョン単価	コンバージョン率	合計コンバージョン値	値/コンバージョン
合計 - すべてのキャンペーン	24,544,625	289,886	¥3,614,833	584.00	¥6,190	0.20%	61,886,092.00	105,969.34
合計 - 検索	2,146,962	58,193	¥1,011,094	237.00	¥4,266	0.41%	39,541,611.00	166,842.24
合計 - ディスプレイ	349,096	1,013	¥42,818	13.00	¥3,294	1.28%	998,350.00	76,796.15
合計 - ショッピング	22,048,567	230,680	¥2,560,921	334.00	¥7,667	0.14%	21,346,131.00	63,910.57

ROASで考えてみよう

ROASとは、投資した広告費に対してどれだけの売上が発生したかを測る指標です。計算式は 03 のようになります。

物販でリスティング広告を出稿している場合、商品ごとに単価や売上が違うため、目標をCPAではなくROASにする場合も多いかと思います。上記の場合、ショッピング広告のROASは833%となります。指名を除いた場合のROASは 02 の表からは計算ができませんが、別データから確認したところ2171%でした。

このことから、ショッピング広告ではCPAは目標を達成しているものの、ROASは検索連動型広告に比べて約1/3ほどしかないため、ここに予算を集中させてしまったことで売上が伸びず、広告運用者から見たこの広告運用は「失敗」となりました。売上を考えるのであれば、CPAが多少高騰したとしても、ショッピング広告よりも検索連動型広告に寄せていれば、CPAは悪化するものの、売上にもっと貢献することができました。

03 ROASの計算式

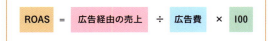

「何のための広告を出すのか」を再考する

リスティング広告を出稿する理由の多くは、売上（利益）を伸ばすことになるはずです。いくら管理画面上でCV件数を多く獲得したり、CPAを抑えられたとしても、実際の売上に貢献していなければ、意味がないことが多くあります。「なぜ広告を出すのか」ということをしっかりと理解した上で、リスティング広告を運用していきましょう。

03 成功事例 ユーザーに合わせて広告を分ける

事例編

物販の場合、BtoBとBtoCが同一キーワードで混ざってしまう場合があります。基本的にはBtoBの注文をメインで取りたい場合、広告を分ける方法がないかを考え、対応した結果、高いパフォーマンスを出すことができました。

自分たちの求めるユーザーはどこにいるのか？

BtoB（B2B）とは、Business-to-Businessの略で、企業間取引のことを指します。つまり法人向けのサービスです。対するBtoC（B2C）は、Business-to-Consumerの略で、企業と個人間の取引になります。ここで紹介する事例は物販を営んでいる企業で、多くのキーワードでBtoB、BtoCの両者が混ざってしまい、両者に販売はできるものの顧客単価を考えるとBtoBを積極的に取りにいきたいという要望でした。

今まで出稿していたリスティング広告でも顧客単価はわかりますし、Googleアナリティクスからも、顧客単価は見えてきます。もちろんキーワードによっても変わるのですが、データを分析していった結果、平日の昼間にパソコンからアクセスしてくるユーザーはBtoBが多く顧客単価が高く、夜間や早朝・スマートフォンでアクセスをしてくるユーザーはBtoCが多いことがわかりました 01。

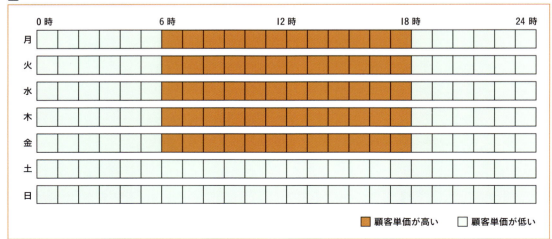

01 顧客単価の高い時間帯

コアなところだけ配信すればよいか？

平日昼間のパソコンがいちばん顧客単価が高く、費用対効果がよいのですが、その時間帯だけ広告を出すことが最善なのでしょうか？　夜間や早朝、スマートフォンのユーザーは顧客単価は低いのですが、それでも中には大口注文が入ることもあります。うまくそのユーザーを集め、夜間や早朝、スマートフォンへも効率よく広告を出すことができれば損失は防ぐこともできます。またスマートフォンでの需要は右肩上がりであり、スマートフォンを停止したままでは近い未来に売上が低迷することも予測できていたので、「どうしたら大口注文が取れる広告が出せるか」ということを考え対応しました。

広告文でユーザーをふるいにかける

さまざまなテストをした結果、たどりついたのは広告タイトルの先頭に「法人向け」や「業務用」という言葉を入れることでした。当然、広告タイトルに「法人向け」という記載があれば、個人はクリックしにくいので、クリック率は下がりましたが、顧客単価は以前よりも高い金額となりました。

ユーザーや時間帯によって広告文を変えることは、キャンペーン内で行うことができません。自動化が進むリスティング広告では極力キャンペーンや広告グループはまとめるべきではあるのですが、このケースの場合は、あえてキャンペーンを細分化することで、ユーザーに対して見せる広告文を変えました 02 。

02 ユーザーによって広告文を変える

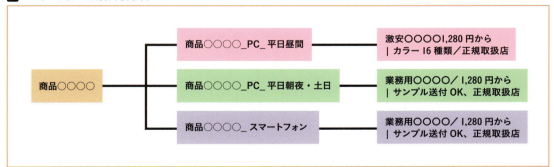

思考をフル回転させ、どうやってユーザーにアプローチするかを考える

「電話の問い合わせが多いから、電話対応できる時間だけに広告配信しよう」というのが通常の配信時間帯の考え方になるかと思います。しかし、それ以外の時間帯については、求める顧客はいないのでしょうか？　もちろん普通に広告配信を行えば費用対効果が落ちてしまうことは多くあります。もし広告の配信方法を変えることで顧客が獲得できる可能性があるのなら、挑戦してみる価値はあるのではないでしょうか。

04 成功事例 細かいキーワード・広告設定

事例編

ECショップで商品数が多く、各商品名での検索が多い場合は、細かいキーワードと広告文の設定で大きくパフォーマンスが伸びるケースがあります。この場合、広告カスタマイザでの設定が必須になってきます。

広告をより細分化して設定する

本事例のECサイトでは、筆者が広告の運用を依頼された際に広告設定を確認してみたところ、商品カテゴリごとのキーワードまでしか設定されていませんでした。検索クエリをチェックすると商品名での検索が多かったため、商品名検索の際は広告タイトルに商品名を入れ、ランディングページを商品ページに誘導する形に変更しました 01。

01 広告文の改善前と改善後

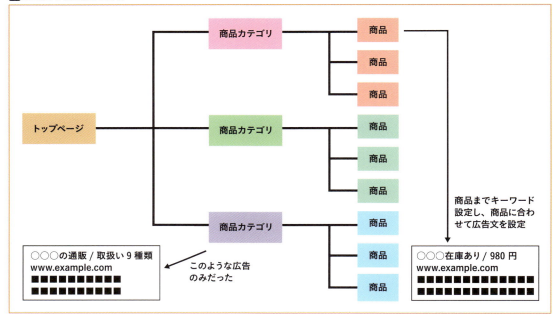

細かい設定でも、効率よく行う方法を考える

　商品数は約2,000種類ありました。各キーワードに対して広告文（商品名と価格を入れる）と広告からのリンク先URLを設定するのに、どれぐらい時間がかかるでしょうか？　データベースより、商品名・価格・URLの一覧が出せれば、1〜2時間あれば設定はできてしまいます。これは、広告カスタマイザ（P160）を使うことでもできますし、1キーワード・1広告グループのような構造でもほぼ時間はかかりません。膨大な量の設定をする際はCSVを使って行いますが、広告カスタマイザはデータがそのまま入るように設定をするだけですし、1キーワード・1広告グループのような構造で作る場合も、関数を使うことでかんたんにCSVを作ることができます。細かい設定をすることで、02のようにほぼ同額の広告費でCV数は3.98倍まで伸ばすことができました。ただし、あくまで商品名での検索が多かったためこの形がうまくいった、ということは踏まえておいてください。商品ではなく商品カテゴリをリンク先とした方がよいパターンもあります。

02 細かい設定をすることでCV数を伸ばせた例

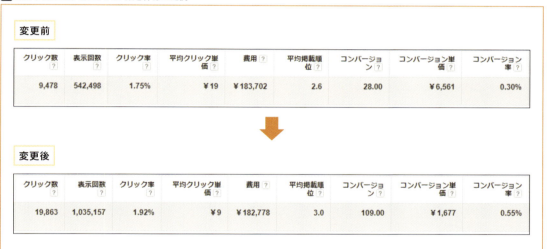

広告カスタマイザでの設定は必須になってきている

　広告カスタマイザは非常に便利で、このように商品数が多い場合や、地名ごとに広告文を分けたい場合などは、効率よく設定することができます。フィードの設定が必要になるため億劫に感じるかもしれませんが、しくみさえ知ってしまえばかんたんに設定できます。
　自動化の観点から考えても、広告グループをまとめることができ、広告も1つ設定するだけでキーワードに応じて動的に変えられるため、データを溜めやすいというメリットがあります。また、1広告グループ内で完結できるため、広告文のABテストもしやすくなります。まだ広告カスタマイザを使ったことがない運用者はぜひ活用してみてください。

05 成功事例 広告グループをまとめて自動化へ

事例編

この事例はAdWordsのみうまくいった成功事例です。細かく分かれていたキャンペーン・広告グループをまとめ、入札はスマート自動入札を採用し、広告を次々と入れていった結果になります。

細かいグルーピングをまとめる

この事例では指名（サイト名）を除いてキャンペーン数10個、広告グループ数約500個が1キーワード・1広告グループで構成されていた構造を、1キャンペーン・1広告グループに変更しました。登録されているキーワードに関しては、広告グループごとに入っていたものを、そのまま1つの広告グループに入れています 01。

変更前の状態ですでに1年以上の運用実績があり、パフォーマンスのよかった広告文を採用し、主に入札調整にてパフォーマンス改善を目指すという方針で運用していました。変更後はスマート自動入札（目標コンバージョン単価）を採用し、広告文の変更・追加を行っています。

01 細かいグルーピングのまとめ

自動入札に切り替えた結果

　入札調整がメインだった運用から、自動入札で広告を変更していく運用に切り替えた結果、02のようにパフォーマンスが大きく伸びました。自動入札では、コンバージョンが取れそうな場合は入札単価を自動的に上げ、コンバージョンが取れなさそうな場合は入札を自動で下げてくれます。自動入札の設定直後2週間は急激にパフォーマンスが悪化しましたが、その後はコンバージョン率が上がりコンバージョン数は約1.25倍、CPAは約40％減となりました。

02 自動入札に切り替えてからのパフォーマンス例

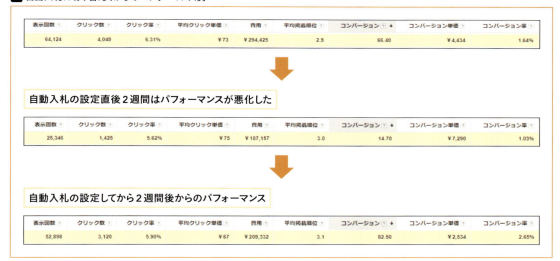

自動入札の精度と入札調整の工数削減

　自動入札を設定すると、02のようにパフォーマンスが改善されるケースが多くあります。自動入札を設定すると、学習期間内はパフォーマンスが悪化することも多くありますし、学習期間が終わったあとも費用対効果が改善されない場合もあります。手動でのパフォーマンスがよいか、自動入札のパフォーマンスがよいかを確認するため、まずは手動で入札調整を行っていき、軌道に乗ったところで、手動と自動のABテストというイメージで実施してみましょう。また、自動入札設定をすることで、運用者の工数は削減されます。さらに事例のようにキャンペーン・広告グループが多い場合には、広告の運用が煩雑になってしまうこともありますし、入札の調整などにも多くの工数が必要です。今のAdWordsでは「広告」による変更・追加で大きくパフォーマンスが変わりますので、広告文の作成などに多くの工数を割いていく必要があります。スマート自動入札を使い、広告グループをまとめることにより、運用者の工数は削減できますので、その分の時間を分析や広告設定に割くことができます。

06 失敗事例 流入ユーザーの変化

事例編

流入しているキーワードや広告の種類が変化すると、コンバージョン率が大きく変わることがあります。また、コンバージョン率だけではなく、2stepビジネスであれば成約率が変わってくることもありますので、注意が必要です。

流入するキーワードによる変化

流入するキーワードが変われば、当然コンバージョン率が変わってきます。よくあるケースとして、予算が増額・減額となり、入札設定を変えた場合に起こりやすい現象です。広告予算を変えたことで、たとえば今まではビッグキーワード（単一キーワード）でアクセスを集めていたのに、複合語でのアクセスの割合が増えてしまったり、軸キーワードが変わってしまっていないかに注意しましょう 01 。掲載順位によるコンバージョン率が一定だと仮定した場合、入札の変化に合わせてCPAが変動（クリック単価が1.2倍ならCPAも1.2倍）しますが、予測以上に変動してしまった場合は、出稿しているキーワードの変化がないかを確認してみましょう。

01 キーワードによるアクセスの割合の変化

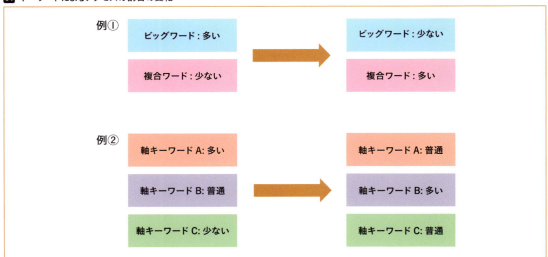

リマーケティングリストの変化について

リマーケティングでは、サイトに訪問したユーザーをリスト化した広告配信が可能です。同一ページであったとしても、そのサイトへの流入経路で、リストの質は大きく変わります。たとえば、自然検索（SEO）と検索連動型広告のみを出稿していた場合、ユーザーは情報を得るために自分で検索をしてサイトに訪問するため、購買意欲は高いと考えられます。そこに、無差別にコンテンツ向け広告を配信した場合、ユーザーの質はどうなるでしょうか？ ユーザーは、ほかのコンテンツを見ている際にバナーを見かけて訪問をするわけですが、細かいターゲティングをせずに配信をしている場合、検索連動型広告に比べてユーザーの購買意欲は低くなる可能性は高いでしょう。ユーザーの質が落ちれば、当然リマーケティングリストの質は悪化してしてしまうので、リマーケティングの費用対効果が落ちてしまいます。

COLUMN

AISASにおけるリマーケティングを考えてみよう

同一ページのリマーケティングリストでも、02のように流入経路はさまざまです。AttentionやInterestで流入してくるユーザーよりも、Searchで流入してくるユーザーの方がActionに近いため、ユーザーの質は高くなる可能性が高くなります。たとえば「新たにFacebook広告を始めた」など、流入経路が増えた場合は、リマーケティングリストの質が大きく変わることがありますので注意しましょう。

02 消費者行動プロセスのAISASで流入経路を考える

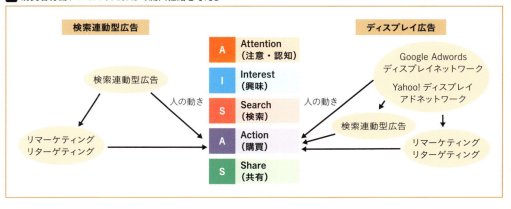

07 よくある失敗

事例編

リスティング広告では、人の手で設定をするためミスを完全に防ぐことはかんたんではありません。よくあるミスを紹介しますので、自身で広告運用をする際にミスが起こらないよう参考にしましょう。ここでは7つの例を見てみます。

よくある失敗例

● 配信エリアの設定ミス

　配信エリアの設定はスポンサードサーチ・AdWordsではキャンペーンごと、YDNでは広告グループごとに設定を行います。地域密着業など、配信エリアを設定しなければならないのに忘れてしまうと、全国に配信されてしまいます。キャンペーンの1日上限予算を高く設定している場合は、広告費が一気に消化されてしまうため、ミスがあった場合はすぐに気が付けます。1日の広告予算を低く設定している場合は、1日の上限予算に達しても不思議ではないため、なかなか気が付かない場合があります。エリア設定に関しては、広告配信後に変更・確認をする機会があまりないため、広告配信前に必ず確認するようにしましょう。

● 広告予算を早々に使いきってしまう

　配信開始時によくある失敗ですが、広告開始初日に多くの広告費を使ってしまうことがあります。とくにビックワード（単一キーワードなど）の部分一致で入札単価が高い場合によく起こります。対策として、1日の上限予算を設定しておくこと、広告出稿の開始時は入札単価は低めに設定しておき、実際の広告露出やクリック単価を確認しながら徐々に上げていくことなどでミスを防ぐことができます。

● タグの設定ミス

　リスティング広告では、コンバージョンタグやリマーケティングタグなどを設置しますが、広告を出稿したらタグが動いているかを確認しましょう。コンバージョンタグの動作確認は、実際に広告をクリックして、サンクスページにアクセスをすれば、管理画面上にコンバージョンが加算されます。リマーケティングタグに関しては、リストが溜まっているかどうか確認しましょう。

◎月末の予算調整で、月初に戻すのを忘れる

　広告の予算消化ペースが速く、月末に向けて広告を抑えるときによくある失敗です。月末に入札単価を抑えたまま、月初に入札単価を戻すのを忘れてしまい、数日経ってしまうミスがよくあります。とくに、月初に土日を挟んだり、月初で別の作業をしなくてはならない場合などもあるため、タスク管理などで設定を戻すのを忘れないよう心がけましょう。

◎ AdWordsとGoogleアナリティクスの連携

　アクセス解析ツールのGoogleアナリティクスとAdWordsは必ず連携をさせておきましょう。Googleアナリティクスの管理画面のサイドメニューの「管理」から「プロパティ」→「サービス間のリンク設定」の順にクリックして、「AdWordsのリンク設定」から連携を行うことができます。リスティング広告に限らずWeb集客をしていく上で、解析ツールを活用することは必須となるため、忘れずに設定しておきましょう。

◎パラメータ付与

　スポンサードサーチ・YDNで広告を配信する際は必ずパラメータを設定しましょう（P074参照）。Googleアナリティクスでデータ分析をする際、パラメータの付与をしていないと、yahoo / organicで集計されてしまいます。パラメータを設定し忘れてしまうと、プロモーション広告の効果測定のみではなく、Yahoo!のオーガニック検索での分析にも影響が出てしまうため、必ずURLにパラメータを付与しましょう。

◎デバイスによるパフォーマンス比較

　パソコンとスマートフォンで広告のパフォーマンスが大きく違うことはよくありますが、デバイスごとのパフォーマンスを確認せず、そのまま広告を出稿し続けてしまっている場合があります。同一キャンペーンにて全デバイスに広告を配信している場合、定期的にデバイスごとのパフォーマンスを確認し、予算配分など、適した配信設定ができているかを確認するようにしましょう。

 人がやることだからミスは絶対に出る、大切なのは再発防止策

リスティング広告において、どんなに注意をしていてもミス（設定ミスや設定漏れなど）は必ずといっていいほど存在するものです。とくに複数社のアカウントを管理する広告代理店であれば、一度もミスをしたことがない運用者の方が少ないかと思います。ミスが起きないよう、重要な設定部分は複数人がチェックするなどの対策が必要です。もしミスが出てしまった場合は「再発防止」のために、何をすればよいかを考え、同じミスを犯さないように対策していきましょう。

07 よくある失敗

CV数が減ってCPAが悪化した場合に原因を追究し続ける

08

事例編

リスティング広告において、パフォーマンスを改善していくために必要なのは「原因」を見つけることです。原因を追究することで、「何をするべきか」ということが明確になってきます。CV数が減ってCPAが悪化した場合でも、落ち着いて原因を探してみましょう。

原因を追究する大切さ

リスティング広告に限らずですが、「原因を追究する」ということは非常に重要です。原因がわかれば、あとは「改善をするためにはどうするべきか」ということを考えればよいだけです。また、原因を追究するのは、パフォーマンスが悪くなったときだけではありません。パフォーマンスがよくなったときも「なぜ」という疑問を常に持つようにしましょう。リスティング広告では多くのデータが可視化されるため、原因は非常に追求しやすい環境です。常に「なぜ」という意識をもって、日々運用をしていくようにしましょう。

CV数が減ってCPAが悪化した場合を考えてみよう

リスティング広告を運用していると、必ず「CV数が減ってCPAが悪化する」という経験をするかと思います。では、パフォーマンスが悪化する原因は何があるか考えてみましょう。リスティング広告は、外部要因の影響を受けやすい広告媒体です。たとえば検索連動型広告の場合であれば、「新規で広告出稿をしてきた企業が増えた」「競合がキャンペーンを始めた」「競合が広告文を変えてきた」「競合が入札を強めてきた」などさまざまなことに影響を受けます。まずは外部要因があるかどうかを確認してみましょう。

01 CPAが悪化したさまざまな要因

新規で広告出稿をしてきた企業が増えた

競合のサイトがリニューアルされた

ニュースなどで市場が動いてない

競合が入札を強めてきた

競合が広告文を変えてきた

競合がキャンペーンを始めた

アカウント内のデータも見てみよう

　出稿しているキーワードや広告が今までと変わっていないか、余計な検索クエリが混ざっていないかを確認してみましょう。流入キーワードが変わればコンバージョン率は変わってきますし、もしかしたら複数設定した広告で、露出の割合が大きく変わっていたりするかもしれません。広告予算が変更となった場合は、流入しているキーワードの割合で見ていきましょう。もし、流入キーワード割合が一緒だった場合は、掲載順位によってコンバージョン率が変わる商材なのかもしれません。

　あわせて、クリック単価も変化がないかもチェックしておきましょう。

コンテンツ向け広告の場合

　コンテンツ向け広告においては確認すべき項目が多いのですが、配信先ページのデータが大きく変わってしまっていることがよくあります。今まで好調だったプレースメントのサイトが、SEOで順位を落とし流入が激減しているかもしれません。またリマーケティングにおいては、リストの質が変わっているかもしれません。さまざまなデータを見ながら「今までと何が違うのか？」を探していきましょう。

原因が見つからない場合もある

　データをいくらよく見ても、原因が見つからない場合もあります。競合も変わりがなく、流入しているキーワードも変わらず、出ている広告文も同じだった場合はどうでしょうか？　原因が見つからなかった場合は「今までと何も変わっていない」ということが確認できれば、たまたまパフォーマンスが悪化したということも考えられます。月に10件前後のCVを獲得しているアカウントであれば、2〜3件という数字は偶然とも考えられる数字でもあります。今までの広告パフォーマンスがよいのであれば、「もう少し様子を見る」という選択肢も正解の1つになる可能性があります02。

　このような場合は、悪かった部分を改善するというのではなく、長期で見てよりCV数を獲得するために何をしていくべきかという観点で改善していくとよいでしょう。

02 様子を見た方がよいCV数の例

平日の平均CV数：56.9
単日最大CV数：121
単日最小CV数：34

土日の平均CV数：28.9
単日最大CV数：51
単日最小CV数：21

このようにCV数にブレがでることも珍しくない

クリック単価が高騰してしまった場合の対応法

　「競合が入札を強めてきた」、「新規で広告出稿を始めた競合が出てきた」という場合、クリック単価が高騰してしまうことがよくあります。コンバージョン率が変わらなければ、クリック単価が上がった分、CPAは悪化してしまいます。同額の広告予算で運用していればCV減・CPA悪化となってしまいますが、その際に運用者がすべきことは何でしょうか？　CPAが悪化してしまった場合、入札単価を下げてクリック単価を抑えることができればCPAの改善は見込めます。しかし、入札単価を下げることで掲載順位が下がり、クリック率・クリック数も落ちてしまう可能性が高いです。結果、CPAを以前の数値に戻そうとすることで、広告費が使えずCV数が減少してしまうという状況になってしまいます。このような状況が続いていくと、気が付いたら広告費がほぼ使えなくなりCV数も以前と比べると激減してしまうこともあります03。入札単価を下げるという選択肢もありますが、あまりに固執し過ぎないよう注意しましょう。

03 クリック単価が高騰してしまった場合の失敗例

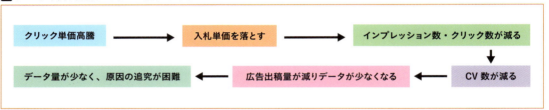

広告の変更でもパフォーマンスは変えられる

　広告を変えることで、インプレッション数・掲載順位・クリック率・コンバージョン率は変わってきます。クリック単価が高騰してしまった場合は「広告を変える」という選択肢も忘れないようにしましょう。CPAが一気に悪化してしまった場合は、入札を下げてクリック単価を抑えることを目指しながら、同時にクリック数を維持するため、広告の変更・追加によるインプレッション数・クリック率の上昇を目指しましょう。

現状を受け入れることも大切なこと

　リスティング広告は、競合との関係でクリック単価が高騰してしまうケースは非常に多くあります。業界によっては数ヶ月でクリック単価が2倍になることも珍しくありません。仮にクリック単価が2倍になってしまった場合、今までと同様のCPAを目指すことは現実的には難しくなります。まずは、クリック単価が高騰した事実を受け止め、そこからどう改善をしていくかを考えていきましょう。
　また、クリック単価が高騰してしまっても今のパフォーマンスを維持できるよう、常にアカウントの改善、ランディングページの見直しなどを行い、よりよい広告運用を目指しましょう。

CHAPTER 9

広告運用者に知ってもらいたいこと

リスティング広告では、仕様の変更や追加が頻繁にあります。本章では、運用者が環境の変化に対応していくために知っておくべきこと、また、今後も活躍する運用者になるための考え方を紹介します。

01 リスティング広告運用者に必要な心がまえ

思考編

本書でもたびたび触れてきましたが、ここで、リスティング広告の運用者に必要な心がまえ、日々の広告運用に臨む際の姿勢、今後のリスティング広告の運用者に求められる資質などを、筆者の目線から改めてまとめておきます。

リスティング広告をもう一度考える

リスティング広告を出稿する目的は何でしょうか？企業は、利益を出すためにリスティング広告を活用します。広告運用者は「広告の目的」をしっかり把握しておかなければなりません。はっきりいってしまうと、どのようなキーワードで出稿しているのか、どのような広告文を使っているのかなどは二の次であり、さらにいえば管理画面上の数字よりも利益を出すことが最終的な目的です。利益を出す（集客をする）方法はリスティング広告だけではありません。Webサイトも重要であり、アクセス解析やSEOなども集客には必要になってきます。

また、オフラインでもチラシやDMなど、さまざまな集客の方法があります。「リスティング広告は集客するための手段の1つでしかない」ことは理解しておきましょう。

中小企業のインハウス（社内の担当者）であれば、リスティング広告専門という方は非常に少なく、Web集客全般を見るということが多いでしょう。また代理店の運用者でも、広告運用のみではなく、そのほかのWeb集客をサポートするケースが増えてきています。リスティング広告のみやっていればよい時代ではなく、Web集客全般の知識が必要となってきていると感じています。もちろん、専門性をもってリスティング広告のみ突き詰めてやっていくという考え方も間違ってはいませんが、今の自動化の動きなどをみていると、広告運用者の仕事も変わりつつあると感じます。広告運用のほかにも、ランディングページの改善やアクセス解析などもできる運用者が今後も活躍をしていくのではないでしょうか 01。

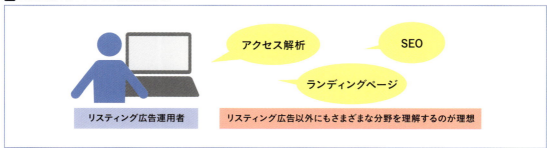

01 広告運用のほかにもできる運用者は強い

広告を使って誰に何を伝えるのか

　リスティング広告は、ユーザーとサイトを繋げる役割しかありません02。「誰に何を伝えるのか」がすべてであると筆者は考えています。誰にというのはキーワードやターゲティングを使うことで、適切なユーザーを絞り込めます。何を伝えるのかというのは、ターゲティングをしたユーザーに対して、どのような広告を作るのかということです。かんたんに考えれば、リスティング広告はこの「誰に」と「何を伝えるのか」の2つだけになります。

02 リスティング広告はユーザーとサイトを繋げる役割

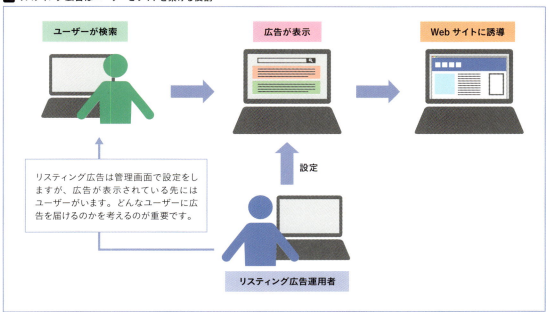

広告メニューやルールは理解しておこう

　リスティング広告では、さまざまな広告の配信方法があります。検索連動型広告であっても、キーワードはマッチタイプがあり、時間やデバイスでの調整もでき、ユーザーのターゲティング（検索リマーケティングやAdWordsであれば性別や年齢なども可能）もあります。コンテンツ向け広告でもさまざまな配信方法があります。また広告の設定だけではなく、広告ポリシーなども理解しておく必要があります。

　広告メニューやルールを知ることは最低限のことであり、運用者はその中で「どのように配信をしたら効果的か」ということを考えながら運用していく必要があります。この部分が運用者の腕の見せどころであり、広告パフォーマンスを大きく左右する部分にもなります。広告メニューやルールを知っていればよいパフォーマンスが出せるわけではありませんが、最低限の知識として身に付けておきましょう。

よいパフォーマンスを出せる運用者は数字に興味を持っている

　よいパフォーマンスを出せる運用者は、常に数字の変動を見ています。意識をせずとも、何か変更を行ったあとは必ずその結果を見ています。数字に興味を持つことができる運用者は、まちがいなく成長していきます。たとえば広告を変更した場合に、インプレッション数・クリック率・掲載順位・コンバージョン率などがどのように動いたのか、また検索クエリはどう変動しているのかなどを自然と把握できているような状態です。「CPAが高騰してしまったら、広告で何とかしたい」、「広告を変えると、部分一致の拡張が変わって検索クエリが変わる」というようなことも当然のように理解しています。

　数字に興味を持つということは、難しいことではないのですが、現状は「変更をしたけど、結果を把握していない」という運用者が驚くほど存在します。広告を変更することは、必ず「目的」があるはずで、その目的に対して「どのような結果になったのか」というところまで見る癖を付けましょう。

03 広告を変更した場合の数字の変動

新しく知ったことをすぐ実行できる運用者は強い

　リスティング広告では、新しい広告の配信方法や設定が追加されることはよくあります。また、セミナーなどの開催も多く、運用者は今まで知らなかった情報を得る機会が多くあります。

　その今まで自分が知らなかったことを知った際に、すぐに動いて結果を見られる行動力のある運用者は非常に強いです。リスティング広告では数字が可視化されるため、一定のデータが集まれば効果を検証することができます。試してみて、結果が悪ければ設定を戻せばよいわけですし、よい結果がでるのであれば、その設定を継続し、「何がよかったのか」という原因を把握することで、運用者としてのスキルは一段と上がります。何か新しく知ったこと、試してみたいことがあったら積極的に行動して、そのあとに結果を見ていくようにしましょう。

情報収集の方法

リスティング広告はアップデートのサイクルが非常に早く、新しい広告メニューは先行者利益のようにパフォーマンスがよいものも多くあります。公式サイトは非常に充実していますので、しっかり見ておきましょう。

Google AdWords公式コミュニティでは、質問をすると、Googleが認定している豊富な知識を持つトップコントリビューターをはじめ多くの運用者が返答してくれます。何かわからないことがあれば積極的に活用しましょう。また、サポートセンターでもわからないことは丁寧に説明してもらえます **04**。

公式以外にも、現在は多くの企業がブログやTwitterなどで情報発信をしてくれています。基本的な情報収集はWebだけでも十分可能ですので、自身で情報を探しにいきましょう。

また、セミナーなども各所で行われています。参加できる機会があれば、積極的に参加してみましょう。セミナーで初めて知ることも多いものですし、参加している広告運用者同士で話をできる貴重な機会になります。

04 リスティング広告のサポートセンターやコミュニティ

AdWords ヘルプ
https://support.google.com/adwords

Yahoo!プロモーション広告 ヘルプ
https://support-marketing.yahoo.co.jp/promotionalads/

Google AdWords 公式ブログ
https://www.ja.advertisercommunity.com/t5/Google-AdWords/ct-p/AdWords_Blog#

Inside AdWords(英語版)
https://adwords.googleblog.com/

Google AdWords公式コミュニティ
https://www.ja.advertisercommunity.com/t5/Google-AdWords/ct-p/Google_AdWords

ミスをしてしまったり、成果が出なくても落ち込まない

　リスティング広告は人の手で設定して運用するため、広告設定でのミスは出てしまうものです。設定ミスはないのが理想ですが、ミスをしてしまった場合は落ち込まず、再発防止策を立てましょう。

　また、成果が思うように出ないことは必ず出てきます。その際は原因を突き止め、パフォーマンス改善を目指しましょう05。パフォーマンスが悪くなってしまっても、よりよい「パフォーマンスを出すための過程」というぐらいの気持ちで、前に進むためにできることをしていきましょう。

05 失敗の再発防止策

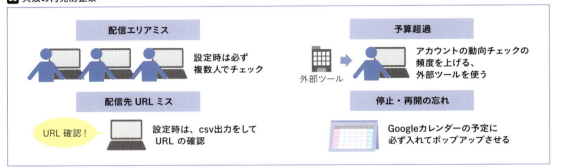

ほどよい緊張感をもって広告運用をしよう

　リスティング広告を運用していると、広告費もただの数字に見えてきてしまいます。仮に広告費100万円で運用している広告アカウントを、自分でお金を出していると考えてみてください。おそらく、今よりも「できること」「やるべきこと」が見えてくるのではないでしょうか。

　ただし、あまりに責任を重く感じてしまうと、思い切った運用ができずに消極的な広告運用になってしまいます。消極的な運用は決してよいものではありませんので、適度な緊張感を持ちながら、日々の運用をしていく必要があります06。

06 適度な緊張感を持って運用する

COLUMN

今後、広告運用者に求められるもの

リスティング広告は自動化が進んでおり、運用者のやるべき仕事が変わってきています。手動から自動へと移り変わる過渡期で、すべての広告アカウントで自動化を導入すべきかといわれれば、2018年5月時点では「広告アカウントによって使い分けるべき」だと思います。

もちろん自動入札は素晴らしい機能で、理想通りに動いてくれれば、人の手では不可能な入札調整を実現してくれます。しかし、実際に自動入札を導入してみると、うまく動いてくれることもあれば、手動の方がパフォーマンスが高いこともあります。今は、ABテストのように手動入札と自動入札でテストをして、結果のよい方を選択するという考え方でよいかと思います。

ただし、今後は自動化の精度がさらに上がることは間違いなく、ほぼ自動入札だけで広告を運用できるようになるでしょう。大げさにいえば、キーワードの設定すら不要になるかもしれません。

現在のリスティング広告の運用は、以前よりも「広告」の重要性が増してきたと感じます。広告の変更だけで、パフォーマンスが大きく変わります。ひょっとしたら、広告文も自動生成が基本になるときがくるかもしれませんが、しばらくは運用者の重要な仕事です。入札調整でもパフォーマンスは変わりますが、従来よりもそこに時間をかける運用者は減ってきてるように思います。

このような自動化が進む状況を踏まえ、「今後も活躍できる運用者」と考えると、管理画面上だけで完結する仕事ではなくなるのではないでしょうか。リスティング広告では、広告設定のほかにGoogle

アナリティクスを見ることもありますし、タグマネージャーの管理や、ランディングページの改善案も出せる運用者は今でも非常に重宝されます。ほかにもFacebook広告やDSPなど、Web上での広告媒体は多くありますし、SEOも含めWeb集客全般まで見ることも可能です。

リスティング広告を突き詰め、専門的に運用していくことも魅力的ではあり、誰にも負けないプロフェッショナルとして必要とされるはずです。ですが、リスティング広告以外にも関与できるジェネラリストの需要は必ず出てきます。リスティング広告以外のことも学べばさらに違った部分で必要とされるようになるでしょう。

広告運用者の視点から、広告以外にも提案できることは多くあります。たとえばSEOを意識して、ブログ運営に力を入れ始めた企業があったとします。リスティング広告を運用していれば「コンバージョンを生みやすいキーワード」や「検索ボリュームが多いキーワード」は管理画面からすぐに確認できますから、ブログ運営の参考にしてもらえます。また、コンバージョン率の高いキーワードや広告文からWebサイトのコンテンツも提案できるでしょう。

まずはリスティング広告の運用スキルの確立が目標ではありますが、次のフェーズとしてリスティング広告以外のことも学び、ジェネラリストとして活躍できる広告運用者を目指すことも視野に入れましょう。

巻末対談

自動化が進むリスティング広告運用のこれから

本書でも何度か触れてきましたが、最近はリスティング広告の自動化が進んでおり、どれくらい自動化を取り入れるかについては運用者によって見解が分かれます。読者のみなさんに筆者以外の視点も知っていただくため、SEMカフェという勉強会を主催し、自動化の挙動にも詳しい小西一星氏に今後のリスティング広告の運用について意見をお聞きしました。

小西一星氏（左）と著者の桜井（右）

AdWords自動化によって変わったコミュニティ活動

桜井：小西さんは、広告運用者として日々広告を運用しながら、セミナーなどを通じて情報発信もされていますよね。まず普段の活動について教えてください。

小西：2010年ごろに会社から独立したときは1人だったので、自分自身の勉強のために勉強会を開催していました。自分が担当できる案件というのは当然限られてしまうので、ほかの運用者の話を聞けることはとても参考になりますし、自分の案件はほかの運用者ならどう運用するかという答え合わせもできたりします。この勉強会のコミュニティが2011年にSEMカフェという形に変えて今も続けてます。あとはAdWordsの公式コミュニティのやりとりですね。アウトプットをすることが、自分のインプットにもなっています。

桜井：SEMカフェでは具体的にどのような活動をしているのでしょうか？

小西：SEMカフェだけでも6年、前身の勉強会まで含めるともう8年ぐらいになるんですが、よくやっていたのは、運用者10人ぐらいで集まってキーワードや広告文をみんなで考えたり、新しく出てきた機能をどう使ったらうまくいったかなどのディスカッションです。ですが、去年からはそのような活動は一切していません。AdWordsの挙動が大きく変わってきたことから、その認識を広めること、さらにそこからフィードバックを得る目的で、セミナーを中心に活動していました。

桜井：今では運用者の間でもAdWordsの機械学習や自動化が話題になることが多いですが、小西さんが自動化を意識し始めたのはいつ頃からですか？

小西：機械学習や自動化という言葉自体は意識していなかったのですが、思い返すと2014年頃の経験が大きかった気がします。AdWordsのディスプレネットワーク（コンテンツ向け広告）でのキーワードによるターゲティングが、こちらが指定したキーワードではないところに広告を出すようになって、しかももの凄くよい成果を取ってきたんですよね。コンバージョン数が一気に増えたことで、さらにそこからAdWordsの挙動が勝手に変わっていき、こちらは何もしてないのに「Googleが勝手に鉱脈を探してきたぞ」という事態を経験しました。同時に、「これは人間の手作業で

は及ばない領域に手を出しているな」と感じました。

その後、2016〜2017年にかけて、広告文の変更が与える影響が複雑かつ大胆になってきたと感じるようになりました。「AdWordsは広告グループをシンプルにしろ」という話が広まってきて、実際にそうしてみると、その中でいろいろな情報をかけあわせながら学習しているなと感じるようになりました。ですので、機械学習自体を本当に実感し始めたのはここ1〜2年ぐらいですね。

AdWordsとプロモーション広告の違い

桜井：AdWordsとプロモーション広告で、機械学習に違いを感じますか？

小西：まず自動化ですが、私自身は自動「化」という概念はなく、そもそも最初から自動的なものだと思っています。AdWordsは最初から品質スコアという概念がありますが、始まって数年間はシンプルな挙動だったでしょうけれど、それが複雑化したように感じます。ここ数年はクリック単価がいくらなら掲載できるか、どういう広告なら上位に掲載できるかといった掲載状況のコントロールがしにくくなっています。「どの広告をどの検索語句で誰に出すのか」といった調整は、大なり小なりAdWordsは昔からやっていて、その自動調整が強化された結果かなという理解です。

AdWordsではその自動調整と学習の精度が高いと感じられるので、おおよそAdWordsに任せてしまえばよいという傾向があります。ですが、プロモーション広告では、しくみはAdWordsのものを使っているはずなのに実際の挙動が全然違うと感じることがよく

SEMカフェ

https://sem-cafe.jp/

あります。

あくまで推測ですが、ユーザーのデータをAdWordsと比べて取れていないため、学習が進まず、自動判断の精度が落ちてしまうのではないかなと。また、AdWordsが持つディープラーニングのロジックまではYahoo!に渡していないかもしれませんし、そこまで考えると違う挙動になってもおかしくないのかもしれません。

広告グループをまとめるかどうかでいうと、AdWordsはかなり乱暴なまとめ方をしても、広告文と検索語句を見ていると調子よく動いてくれる印象です。プロモーション広告では、そもそもあまり深いデータは見られませんが、分析する限りではAdWordsほど気を利かせてくれないように感じます。AdWordsは広告を多く入れても、それぞれの広告をさまざまな検索語句で試してくれる様子が見えますが、プロモーション広告では広告を多く入れると2〜3個の広告だけ多く出して、あとは捨てるような挙動になることがあります。それで実際に成果が良ければ問題ないのですが、多く出ている広告を止めたら、あまり出ていなかった広告の方がコンバージョンを取れたこともあるんですよね。

> 自動化は今に始まったことではなく、従来から存在するAdWordsの調整機能が強化された結果と考えています（小西）

[対談者紹介]
小西一星 (にしし・いっせい)
ハイパス株式会社 代表取締役
Google 広告主コミュニティ AdWords トップコントリビューター
販促物制作会社、広告代理店などを経て、リスティング広告運用代行業者として独立。基本的にただの広告運用者。教える仕事もしているが自分が学びたいだけ。広告主のWebプロモーションの現場であれこれ実践していたい姿勢。

まず試すのは自動入札？
手動入札？

桜井：機械学習はどこがもっともすごいと感じますか？

小西：機械学習がすごいのかどうかわかりませんが、人間の手作業では太刀打ちできないと思うことがたまにあります。それがAdWordsの自動入札なのですが、コンバージョン率が0.5%ぐらいだった検索語句が、自動入札に設定したら3%まで上がったことがありました。それを手動入札に戻してみたら、コンバージョン率が以前の状態に戻りました。検索語句もヒットした広告もほぼ同じです。ということは検索語句以外の何かを見て調整しているはずですが、ユーザー属性やデバイス・地域などのデータを見る限りでは、コンバージョン率が10倍近く上昇するような要素は見られませんでした。なので、人が触れられないところで何かしたのだろうなと考えるしかなくて、これは自動入札でしか起こりえないことかなと感じます。

桜井：手動入札と自動入札のどちらを使うかはどう判断していますか？

小西：正直なところ、現状ではどちらがよいかはわかりません。とりあえずやってみて、成果がよくなるか悪くなるかで判断しています。今後、精度が高まれば「こういう場合は自動入札を採用しよう」という基準が明確になると思いますが、予算がいくらか、コンバージョン数がどれくらいあるか、ジャンルが何であるかなどが、僕が試した限りでいうと、まったく傾向がつかめません。コンバージョン数が月間800件ほどあった案件でも、自動入札にしたら成果が落ちたこともありました。逆にコンバージョン数が2〜300件ほどのアカウントで自動入札にしたら成果が上がったこともあります。ほかにはコンバージョン数が4〜50件、広告予算が30〜50万円ぐらいのアカウントで、成果の増減というよりも、入札作業なしで楽に成果を維持できるようになったこともあります。いろいろなケースを見ても、自動入札がうまくいくポイントが何かがわからないのですよね。

桜井：そうなると、自動入札と手動入札を比べてよい方を採用するという方針になりそうですよね。

小西：ただ、いったん自動入札がうまくいかなかったアカウントを手動に戻した場合でも、次にいつ自動入札を試すかの判断が難しいものの、時間をおいたら自動入札がうまくいったケースもあります。

桜井：新規で広告を出稿するアカウントの場合、最初は手動入札と自動入札のどちらを選択しますか？

小西：基本的に最初から自動入札を使いますね。「コンバージョン数の最大化」もしくは「目標コンバージョン単価制」を使うのが基本です。ではどういう場合に自動入札を使わないかというと、それも難しいのですが（笑）、正直ここ数ヶ月間でも自分のやり方がどんどん変わってきていて、これという型は作っていないんです。逆に型は決めないようにしています。いきなり自動入札にしても最初からうまく動く場合もあるの

自動化を組み込む2つのパターン

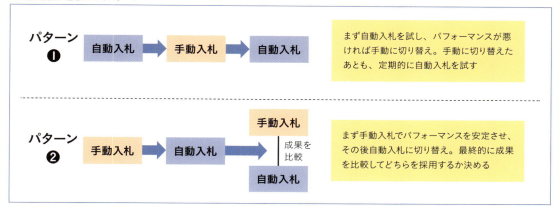

で。無難な流れにするのであれば、まずは手動入札でだいたいあたりを付け、よい検索語句を見つけたら調整しながら走らせて、そこから自動入札に切り替える形だと思います。

桜井：僕は最初は手動で、パフォーマンスが安定してから自動入札に切り替えてみて、成果を比較してどちらを使うかを選択するという流れが基本ですね。小西さんと同じく、うまくいくかどうかが事前に判断できないことが多いので、今は実際に試して比較するというプロセスが必要だと感じています。

ところで、AdWordsではさまざまなデータを読み取って自動化が働きますが、いちばん大きな要因はコンバージョン数になると思います。月にコンバージョン数が5件や10件のアカウントで自動入札を試してみたいときの対応策などありますか？

小西：月に5件や10件しかコンバージョンが出ないのであれば、むりやりにでも30件とか50件にするようにしています。その方法としていわゆるマイクロコンバージョンという計測の仕方をします（→P167参照）。よく実施するのは、入力フォームへの到達もコンバージョンとする設定です。もちろん完了ページでもコンバージョンを計測します。フォームでの離脱率が80%だった場合、入力フォーム到達をコンバージョンとして測定すれば約5倍の件数が取れるようになります。実際のコンバージョン数が6～8件ぐらいであっても、マイクロコンバージョンで30～40件取れるようにして自動入札を動かすのがよいのではないでしょうか。

リスティング広告の肝は広告文

桜井：AdWordsはより精度が上がってくることが予想されます。今後の運用の仕方はどのように変わってくると思いますか？

小西：僕自身は今でもすでに変わるべきだと考えていて、8～9割が広告文で勝負が決まると思います。自動入札を使うかどうかは、残りの2割ぐらいの問題でしかないかなと。細かい作業をしなくてもよくなってきているので、その分の時間を広告文に割くイメージですね。7～8割の時間をキーワード設定にかけていたのであれば、その時間は広告文にかけるという風に変わるべきかなと思います。でも、それはそれで目先の話であって、さらに長期的に見ると広告文もある程度自動化されると予想できるので、そうなっ

> 将来的に自動化に寄せて広告で勝負する方向性に
> 間違いないと思いますが、今はまだ過渡期かなと（桜井）

たらさらに変わるでしょうが、現時点ではいちばん力を入れる部分は広告文だと思います。

桜井：運用者であれば、広告によってすべての数字が変わってくることに気付いているでしょうが、広告を入れ替えたあとのチェックや広告の追加などは、どれぐらいのペースでやるべきだと思いますか？

小西：もっとも高い頻度をいえば、広告は1日1個追加してもよいぐらいだと思います。「もっと広告掲載を増やしたい」とか、「こんな検索語句で広告が出てほしいな」といった変化がほしいときはキーワードを変更しがちですが、僕はなるべくそれを広告でやります。現状の成果に満足しているのであれば、何かを変える必要は感じないかもしれません。ただ、検索語句の状況を変えたい、クリックを集めたい、もう少し単価を抑えたいといったケースでは、変化を作り出すために1日1回の頻度で広告を作ってもよいと思います。

桜井：僕は、自動化に寄せるアカウントと手動入札で決め打ちの広告文で運用するアカウントの2パターンにはっきり分かれます。ある意味古いタイプなのでしょうが、入札調整も広告文も自分で判断して1つの広告で勝負することもよくあります。自動化に寄せてもパフォーマンスを出せないアカウントもあると感じるんですよね。将来的には自動化に寄せて広告で勝負する方向性に間違いないと思いますが、今はまだ過渡期かなと。理想は小西さんのような解決でしょうが、広告クリエイティブの相性の問題なのか、決め打ちで一点突破を狙った広告文の方がうまくいくケースがあるんです（笑）。

パフォーマンスの悪化を確認したらすべきこと

桜井：「コンバージョンが取れなくなった」、「CPAが悪化した」ということが広告運用をしていれば必ず出てくると思いますが、小西さんはどのように対応することが多いですか？

小西：成果が落ちるケースはさまざまですが、たとえばコンバージョンが取れていた検索語句のクリック数が取れなくなったり、クリック率が落ちたり、クリック単価が上がったり、コンバージョン率が下がってCPAが上がったりといったケースがあると思います。その検索語句でのクリック数やクリック単価を改善したいと考えた場合は、とりあえず管理画面でやることはキーワードの追加や入札単価の増額ではなく、広告文を変えることですね。

広告文を変えることで、その検索語句のオークションシェアも変わりますし、オークションに勝てるかどうかや掲載に必要なクリック単価も変わりますし、コンバージョン率も変わります。根本的にはリンク先をどうするか、ビジネス自体をどう変えるかも考えますが、ひとまずリスティング広告の管理画面内で変更するのは広告文しかないといっても過言ではないぐらい、広告は大事だと思ってます。

もちろん、細かいところでは地域ごとの予算調節やデバイスごとの調節もありますが、それは数字を見て単純に上げ下げすればよいことです。ただ、根本的に状況が悪化しているのにいくら細かいところを調整しても数字は大きくは変わりません。大きく変えるには広告しかないですね。

広告運用者の
スキルアップの道

桜井：広告が重要であり、自動化が進んでいるリスティング広告ですが、今後広告運用者に求められるものはどんな資質だと思いますか？

小西：二極化するんじゃないでしょうか。極論をいえば、おそらく最終的には、広告は誰がやっても変わらないレベルにまでなるのではと思います。AdWordsやFacebook広告が推奨する形があって、その通りにやれば、そのサイトが持つポテンシャルでの成果は誰がやっても出せるようになる。現時点では大きな差が付く要素は広告文だと思いますが、それも自動化されていくでしょう。となると、人のやる作業の領域は小さくなっていきますよね。もちろん、誰かが設定作業をしなくてはならないので、単純作業としての広告運用代行は今後も仕事として残りうるでしょう。逆にAdWordsやFacebookに任せたら起こりえないこと、ターゲット設定、広告訴求が考えられるような人は今後も活躍できると思います。

桜井：広告運用者だからこそできること、リスティング広告以外でも運用者が知っておいた方がよいことがあればお聞かせください。

小西："広告オンリー"から脱却することが大切かなと。Webサイト全体のプロモーションがどう動いているかの状況をわかりやすく把握できるフレームや体制を作り、関係者と共有して、関係者がどう動いたらよいかも判断してアドバイスできる運用者は必要とされるでしょう。

　このようなWebプロモーションを統括する人は、もともとアクセス解析を担当していた人、SEO畑の人、制作から全体を見るようになった人など出自はいろいろでしょうが、広告からそのような役割を担うことも当然あるでしょう。広告運用者は広告を扱うわけで、全体を把握したうえでとりあえず広告ではここを押さえればいいというポイントも判断しやすいですし、タグにも慣れています。ほかの広告媒体や代理店が動くのであれば、それらの広告関係者が的確に動きやすくなる状況も作り出せます。

　どの形がいちばんよいかはわかりませんが、もともと持っているスキルでカラーが変わると思うんですよね。広告運用者でないとできないこと、思い付かないことは多いのではないでしょうか。広告運用だけでなく全体を見られるスキルを身に付ければ、より活躍の場が広がると思います。

桜井：代理店もただ広告を運用するのではなく＋αで数字伸ばしたり、プロモーションのシステムの中で広告をどう動かすかのアイデアが求められる方向になると思うので、代理店や仕事の在り方は変わってくるでしょうね。貴重なお話ありがとうございました。

出身分野の違いによってカラーが出る

おわりに

　本書は「まったくリスティング広告を知らない方」に向けた書籍を作ろうというところからスタートしました。ただし、著者自身に「ただの説明書のような本で終わらせたくない」という想いがあったことから、本書の後半では、より本質的な核心である、リスティング広告の運用者が持つ"思考"を中心に解説しています。

　掲載している事例に関しても、「そのままマネをしてほしい」という意図ではなく、「決められた広告メニューや配信方法を組み合わせればさまざまなやり方ができる」という対応策の多様性を知っていただくのが目的です。

　リスティング広告の広告メニューやターゲティングを知ることは、道具を揃えた段階に過ぎません。広告の運用では、その道具をどう使うかを考える必要があります。だからこそ、運用者によって成果に大きな差が出るのです。

　では、道具を使いこなすためにはどうすべきでしょうか？　P194でも触れましたが、筆者の答えは「数字に興味を持つこと」です。数字に興味を持てば、どこを変えるとどのような影響が出るかを把握できるようになります。改善策も自然に生まれ、効果的な運用ができるようになるはずです。

　すこし大げさな話に聞こえるかもしれませんが、人間が大きく成長するのはこれまでと違った行動をするときです。チャレンジには負荷が付きものですが、その負荷によって人は成長していきます。本書によって、リスティング広告に本格的に取り組み始めたり、すでに運用経験のある方でも運用方法や考え方を変えるきっかけになれば、筆者として嬉しく思います。

株式会社バルワード　代表取締役　桜井茶人

INDEX 索引

数字

2stepビジネス	015, 158
3C分析	132

アルファベット

A

ＡＢテスト	120, 127
AISAS	011, 185
Amazonレビュー	137

B

BtoB	178
BtoC	178

C

Click	102
Company	140
Competitor	138
COST	102
CPA	102
CPC	102
CTR	102
Customer	134
CV	102
CVR	102

E

Excel	144

G

Gmail広告	099
goodkeyword	037
Google	010

Google AdWords	010, 048
Googleアナリティクスとの連携	187
Inside AdWords	195
アカウント取得方法	048
エディター	162
管理画面	059
機械学習	165
広告設定	054
広告表示オプション	060
公式コミュニティ	195
公式ブログ	195
コンテンツ向け広告の作成方法	082
スマート自動入札	166
ディスプレイネットワーク	020
表示項目を変更	104
ヘルプページ	013, 195
Googleアカウント	025
Google アナリティクス キャンペーンURL 生成ツール	075

I

IMP	102

L

LP	103
LTV	019, 156
LTVを伸ばす方法	157

M

MCCアカウント	025

N

NAVERまとめ	137

O

OKWAVE	136

P

PDCAサイクル	154
PLA	103

Q

Q&Aサイト	136
QS	102

R

RLSA	172
ROAS	177

T

TrueView	100

Y

Yahoo!	010
Yahoo! 知恵袋	136
Yahoo! プロモーション広告	010, 064
アカウント取得方法	064
管理画面	067
広告の設定	070
広告表示オプション	076
コンテンツ向け広告の作成方法	083
スポンサードサーチ	070
表示項目を変更	105
ディスプレイアドネットワーク	020
ヘルプページ	013, 195

五十音

あ
アカウント	024
アカウント構造	026
アカウント分析	116
アトリビューションモデル	172
アフィニティ	021, 095
インタレストカテゴリー	021, 095
インテント	021, 095
インハウス	192
インフィード広告	092
インプレッション	102
インプレッション課金	021
インプレッションシェア	102
インプレッション変動のテスト	168
エディター	162
エディターの画面	163
オークション	016
教えて！goo	136
お支払い方法	051

か
価格表示オプション	062
掛け合わせのキーワード	035
カテゴリ補足オプション	076
完全一致	041
キーワード	034
キーワードアドバイスツール	028, 134
キーワードによるコンテンツターゲット	094
キーワードの拡張	039
キーワードの考え方	142
キーワードの絞り込みすぎによるリスク	151
キーワードの精査	144
キーワードの調整	114
キーワードプランナー	134
キャンペーン	026
キャンペーンエディター	162
クイックリンクオプション	076
グッドポイント	140
クリック課金	011
クリック数	102
クリック率	102
グルーピング	145, 182
グローバルサイトタグ	053
原因を追究する	188
検索クエリ分析	148
検索語句レポート	148
検索語句レポートの出し方	152
検索リマーケティング	081, 172
検索連動型広告	014
検索連動型広告でできること	113
検索連動型広告の弱点	015
合計コスト	102
広告アカウントの構造	046
広告運用	110
広告運用者に求められるもの	197
広告カスタマイザ	160, 181
広告カスタマイザの設定方法	161
広告管理	110
広告グルーピング	123
広告グループ	043
広告グループをまとめて自動化	182
広告の最適化	102
広告パフォーマンス	158
広告費	017
広告表示オプション	060, 076
広告プレビューツール	147
広告文	042
広告文の考え方	123, 146
広告文の調整	114
広告予算	028
広告ランク	016
広告をより細分化して設定	180
構造化スニペット表示オプション	061
行動	080
コールアウト表示オプション	061
顧客獲得単価	029
顧客単価	176
コスト／コンバージョン数	102
コンテンツターゲット	021
コンテンツ向け広告	020
コンテンツ向け広告の弱点	022
コンテンツ向け広告のターゲティング	080
コンテンツ向け広告の強み	022
コンバージョン	102
コンバージョン数	102
コンバージョン測定	031
コンバージョンタグ	030
コンバージョン単価	102
コンバージョントラッキング	011
コンバージョン率	102

さ

サーチターゲティング	021, 090
サーチターゲティングの広告配信	091
サイトカテゴリー	021

サイトカテゴリーによる
ターゲティング 094
サイトリンク表示オプション .. 061
サンクスページ 030
ジェネラリスト 197
軸キーワード 035
軸キーワードでの分析 149
自動化 164
自動入札を使ったパフォーマンス .. 172
支払い設定 078
絞り込み部分一致 040, 151
消費者行動モデル 011
情報収集の方法 195
除外キーワード 037, 115
ショッピングキャンペーン .. 099, 176
ショッピング広告 176
事例 174
数字への興味 194
スポンサードサーチ 024
スマートディスプレイ
キャンペーン 096

た
ターゲットリスト 069, 091
ターゲティング 021, 080
タグ 030
タグマネージャー 032
タグを発行 052, 068
ディスプレイネットワーク 055
データフィード 161
テキスト補足オプション 076
デバイスによる
パフォーマンス比較 187
デフォルト単価 056
デモグラフィック 080

デモグラフィックの
ターゲティング 081
電話番号オプション 076
電話番号表示オプション 062
動画広告 100
動的検索広告 100
動的リマーケティング 098
トピックターゲット 021
トピックによる
ターゲティング 094

な
入札単価 124
入札単価の調整 113, 125

は
配信エリア 186
配信面のターゲティング 021
バッドポイント 141
バナーサイズ 044
パフォーマンス 105
パラメータ付与 187
人のターゲティング 021
費用 102
表示回数 102
品質インデックス 102
品質スコア 017, 102
複合語のパフォーマンス 150
複合語の分析 150
ブックマークレット 139
部分一致 040
フリークエンシーキャップ 095
フレーズ一致 041
プレースメントターゲット .. 021, 094
プロモーション表示オプション .. 062

平均CPC 102
平均クリック単価 102
ポジショニング 133, 141

ま
マイクロコンバージョン 167
マッチタイプ 038
まとめサイト 137

や
よくある失敗 186

ら
ランディングページ 013
リスティング広告 010
リスティング広告運用者に
必要なこと 192
リスティング広告の価値 106
リスティング広告の弱点 012
リスティング広告の
成功パターン 106
リスティング広告の強み 012
リスト分け 087
リターゲティングタグ 069
リマーケティング 021, 081, 084
リマーケティングタグ 032
リマーケティングリスト 185
流入するキーワード 184
流入ユーザー 184
類似クエリへの拡張 039
類似ユーザー 021, 095
レスポンシブ広告 045

著者紹介

桜井茶人 (さくらい・さと)

株式会社バルワード 代表取締役

自動車教習所の社内ウェブ担当者を経て、リスティング広告運用
代行業者として独立。自身で広告運用をしながら、コンサルティン
グやセミナー講師などを務める。広告の運用も好きだが、どちらか
というと広告での実験好き。

俺式PPC　http://valword.jp/blog/

STAFF

装幀・本文デザイン	吉村朋子
カバー・本文イラスト	Hama-House
編集・DTP	リンクアップ
編集長	後藤健司
担当編集	後藤孝太郎

リスティング広告のやさしい教科書。
ユーザーニーズと自社の強みを捉えて成果を最大化する運用メソッド

2018年6月30日　初版第1刷発行

著者	桜井茶人
発行人	藤岡 功
発行	株式会社エムディエヌコーポレーション 〒101-0051 東京都千代田区神田神保町一丁目105番地 https://www.MdN.co.jp/
発売	株式会社インプレス 〒101-0051 東京都千代田区神田神保町一丁目105番地
印刷・製本	中央精版印刷株式会社

Printed in Japan © 2018 Sato Sakurai. All rights reserved.

本書は、著作権法上の保護を受けています。著作権者および株式会社エムディエヌコーポレーションとの書面による事前の
同意なしに、本書の一部あるいは全部を無断で複写・複製、転記・転載することは禁止されています。
定価はカバーに表示してあります。

[内容に関するお問い合わせ先]

株式会社エムディエヌコーポレーション カスタマーセンター メール窓口

info@MdN.co.jp

本書の内容に関するご質問は、Eメールのみの受付となります。メールの
件名に「リスティング広告のやさしい教科書。質問係」とご明記ください。
電話やFAX、郵便でのご質問にはお答えできません。ご質問の内容により
ましては、しばらくお時間をいただく場合がございます。また、本書の範囲
を超えるご質問や、お客様の個別の事案に関するご質問にはお答えいたし
かねますので、あらかじめご了承ください。

ISBN978-4-8443-6765-9　C3055

[カスタマーセンター]

造本には万全を期しておりますが、万一、落丁・乱丁などが
ございましたら、送料小社負担にてお取り替えいたします。
お手数ですが、カスタマーセンターまでご返送ください。

落丁・乱丁本などのご返送先
〒101-0051　東京都千代田区神田神保町一丁目105番地
株式会社エムディエヌコーポレーション カスタマーセンター
TEL：03-4334-2915

書店・販売店のご注文受付
株式会社インプレス　受注センター
TEL：048-449-8040 ／ FAX：048-449-8041